Pflanzen vermehren

schnell & einfach

> Autor: **Hans-Peter Maier** | Fotografen: **Henning Bornemann und andere bekannte Gartenfotografen** | Zeichnungen: **Johann Brandstetter**

Inhalt

Gartenpraxis

Das 5-Stufen-Erfolgsprogramm

>> schnell & einfach

1 Vorbereiten

Mit dem richtigen Werkzeug und gutem Pflanzmaterial gelingt jedem Hobbygärtner die Nachzucht seiner Lieblingspflanzen.

2 Aussäen

Mit dem richtigen Know-how ist die Pflanzenaussaat leicht und Sie können aus Samen im Nu eine Fülle neuer Pflanzen heranziehen.

3 Ableger

Von vielen Pflanzen in Haus und Garten genügen schon kleinste Teile, um reichlich Nachwuchs heranzuziehen.

4 Veredeln

Beim Veredeln werden zwei Pflanzen zu einer zusammengesetzt. Mit etwas Übung gelingt es auch jedem Hobbygärtner, diese raffinierten Profi-Techniken für sich zu nutzen.

5 Pflegen

Gewusst wie: Mit der richtigen Pflege sorgen Sie dafür, dass sich die frisch vermehrten Pflänzchen prächtig entwickeln.

Pflanzenporträts

TOP 20

Die beliebtesten Garten-, Zimmer- und Kübelpflanzen und die geeignete Vermehrungstechnik im Porträt

Pflanzentabellen

Anhang

➤ **GU Serviceseiten**

S. Lollo rossa

Gartenpraxis

Geeignete Pflanzen auswählen

Pflanzen vermehren macht Spaß und spart Geld. Und mit dem richtigen Know-how bekommt der Nachwuchs die Merkmale, die Sie wünschen. Sicher besitzen auch Sie Pflanzen in Haus und Garten,

Wer Lust auf noch mehr Dahlien in seinem Garten hat, vermehrt sie selbst.

die Ihnen ganz besonders am Herzen liegen:

➤ Da sind die prächtigen Sommerblumen oder leckeren Gemüsearten, von denen Sie gerne mehr hätten. Wenn man weiß wie, kann man sie einfach aus Samen heranziehen (→ Seite 14).

➤ Viele Gartenpflanzen lassen sich auch mit Pflanzenteilen wie Triebstücken vermehren (→ Seite 18–21).

➤ Und sind die Stauden im Garten zu groß geworden, können Sie sie ganz einfach teilen und so aus einer Pflanze zwei machen (→ Seite 22).

➤ Sie möchten Ihre Zimmerpflanzen weiter verschenken: Aus Trieben oder Blättern lassen sich neue Pflänzchen heranziehen (→ Seite 24–27).

➤ Bei Zwiebelpflanzen ist die Vermehrung fast ein Kinderspiel: Neu gebildete Zwiebeln müssen nur separat eingepflanzt werden (→ Seite 28).

Vermehrungsarten

Bei der Vermehrung gibt es zwei verschiedene Wege:

➤ Bei der Vermehrung durch Samen (generativ) ähneln die Nachkommen den Eltern, können sich aber in manchen Merkmalen unterscheiden.

➤ Bei der Vermehrung durch Pflanzenteile (vegetativ) hat der Nachwuchs genau die gleichen Merkmale wie die Mutterpflanze.

Eignungstest

Damit Sie nur beste Pflanzen bekommen, überprüfen Sie bei der Wahl der Mutterpflanzen diese Kriterien:

Blühfreudigkeit: Vermehren Sie nur solche Blütenpflan-

TIPP

>> schnell und einfach

Pflänzchen nach Maß

➤ Weil Grundstücke heute immer kleiner werden, sind in Gärten zunehmend schwachwüchsige Pflanzen gefragt, die nicht allzu viel Platz brauchen.

➤ Wenn Sie Ihre Pflanzen selbst vermehren, sollten Sie deshalb darauf achten, nicht gerade die starkwüchsigsten auszuwählen.

➤ Von den schwachwüchsigen wählen Sie aber trotzdem nur die gesündesten und kräftigsten Exemplare aus, damit der Pflanzennachwuchs robust ist.

zen, die reich und schon in jungen Jahren blühen.
Fruchtqualität: Pflanzen, die früh und reichlich Früchte hoher Qualität tragen, übertragen diese Fähigkeit auf die Nachkommen.

Gesundheitsprüfung

Gesunde Eltern haben gesunde Nachkommen. Bei der Vermehrung durch Pflanzenteile (→ Seite 18 ff.) gilt: Nur gesunde Pflanzenteile bilden Wurzeln. Teile kranker Pflanzen wachsen oft nicht an.

➤ **Schädlingsfrei:** Verwenden Sie nur schädlingsfreie Pflanzenteile. Triebspitzen, die z. B. von Blattläusen befallen sind, sind geschwächt und anfällig für Krankheiten.

➤ **Blütenlose Triebe:** Verwenden Sie nur blütenlose Pflanzenteile zur Vermehrung. Denn Triebspitzen mit Blüten investieren ihre Kraft in die Bildung von Knospen. Ihre Energie reicht oft nicht, um Wurzeln zu entwickeln.

Frische-Garantie

➤ Samen sind nur begrenzt keimfähig. Beachten Sie unbedingt das Haltbarkeitsdatum auf der Verpackung. Am besten säen Sie Samen möglichst frisch aus.

Buntblättrige Pflanzen vermehrt man bevorzugt aus Triebspitzen.

➤ Den Winter über lagert man Samen am besten im Kühlschrank in licht- und luftundurchlässigen Plastikboxen oder dicht verschließbaren Gläsern. Hier trocknen sie nicht aus oder schimmeln. Kälte und Dunkelheit halten sie in einer künstlichen Starre. Dennoch sollte man gelegentlich prüfen und verdorbene Samen aussortieren.

➤ Packen Sie die verschiedenen Samen in beschriftete Pergamenttüten und bewahren Sie sie in einer Box auf. ■

PRAXISINFO

Wichtige Begriffe

- ✗ **Ballen:** von Wurzeln durchzogene Erde im Topf
- ✗ **Knoten (Nodium):** Ansatzstelle der Blätter am Stängel
- ✗ **Sämling/Keimling:** aus einem Samenkorn entstandene Jungpflanze
- ✗ **(Schlafende) Augen:** Stellen an Stämmen und Stängeln, an denen Blätter, Sprosse oder Blüten sprießen
- ✗ **Steckling:** Pflanzenteil (Triebspitze, Triebstück, Blatt), das Wurzeln bildet

Die Basis-Ausstattung

Richtiges Handwerkszeug und geeignetes Material sorgen dafür, dass der Pflanzenkindergarten gut aus den Startlöchern kommt.
Jedes Material und jedes Werkzeug hat Vor- und Nachteile. Damit die Vermehrung gelingt, sollten Sie das für Ihre Zwecke passende auswählen und rechtzeitig besorgen.

Wer Tontöpfchen verwendet, sollte seine Geraniensteckling gut angießen.

Pflanzgefäße

Egal, ob Sie Pflanzen aus Samen oder Pflanzenteilen anziehen, Sie brauchen als erstes Schalen oder Töpfe, in denen sich der Pflanzennachwuchs geschützt entwickeln kann.
Aussaat- und Anzuchtschalen aus Plastik: Sie haben den Vorteil, dass die Erde in ihnen länger feucht bleibt. So können die Jungpflanzen konstant wachsen. Löcher im Boden lassen überschüssiges Wasser ablaufen, sodass die Pflänzchen nicht unter Nässe leiden. Solche Schalen sind meist 35 x 22 cm groß und werden mit durchsichtigem Deckel angeboten, der für ein optimales Kleinklima sorgt. Geeignet sind sie für die Aussaat von Samen und für ganz junge Pflänzchen, die noch kein gut ausgebildetes Wurzelsystem besitzen und vor dem Austrocknen geschützt werden müssen. Ihr Nachteil: Es gibt sie meist nur in Weiß und Schwarz. Im Zimmer wirken sie nicht sehr hübsch.
Tontöpfe: Ihr Vorteil: Gefäße aus Ton sehen meist dekorativer aus. Ihr Nachteil: Da das Wasser über die Wände der Tontöpfe verdunstet, trocknen sie rasch aus. Schon kurzfristige Trockenheit kann aber dazu führen, dass der Pflanzennachwuchs nicht mehr gedeiht. Deshalb sind sie erst für größere Pflänzchen geeignet, die schon robuster sind.
Torf- oder Kokos-Quelltöpfe: Sie sehen aus wie kleine Tontöpfe, bestehen jedoch aus gepressten Torf- bzw. Kokosfasern und haben den Vorzug, dass man die Pflänzchen, wenn sie ein größeres Gefäß brauchen, nicht austopfen muss. Man kann sie mit dem Quelltöpfchen in den nächstgrößeren Topf umsetzen. Die Torf- bzw. Kokosfasern verrotten in wenigen Wochen. Ihr Nachteil: Die Gefäßwände, die im Wasser aufquellen, trocknen rasch aus und müssen Tag für Tag feucht gehalten werden.
Steckschaum, Steinwolle: Experimentierfreudige machen es wie Profi-Gärtner und ziehen Samen und junge Pflänzchen in Steckschaum oder Steinwolle an. Beide sind steril und speichern sehr gut

Eierkartons, Joghurt- und Trinkbecher, Papierrollen oder Speiseölkanister sind pfiffige Anzuchtgefäße für Ihre Pflanzen.

Wasser. Lufteinschlüsse sorgen dafür, dass die Wurzeln genug Sauerstoff bekommen.

Gute Erde wählen

➤ Das Beste für die Pflanzen-Kinderstube sind torffreie Aussaat- und Anzuchterden mit Meeresalgenmehl, die keimfrei und mit nur wenig Dünger angereichert sind.

➤ Verwenden Sie keine Gartenerde. Sie enthält Unkrautsamen, die die Sämlinge überwuchern. Sie ist auch zu schwer und die Wurzeln bekommen zu wenig Sauerstoff.

➤ Ebenso ungeeignet ist gebrauchte Blumenerde, da sie Krankheitskeime enthalten kann und außerdem meist ausgelaugt ist.

Mit scharfer Klinge

Um Triebspitzen für Stecklinge oder Wurzelschnittlinge zu ernten (→ Seite 18 ff.), benötigt man Messer oder Scheren mit scharfer Klinge. Stumpfe Klingen quetschen das Gewebe, die Pflanzenteile wachsen schlechter an als bei glatten Schnitten, die rasch heilen können. ■

SPARTIPP

>> schnell und einfach

Recycling-Töpfe

➤ Im Haushalt fallen viele Pflanzgefäße gratis an:

➤ **Eierbecher:** Damit der feuchte Boden nicht durchbricht, stellt man Plastikschalen darunter.

➤ **Obstschalen:** Mit ihren Löchern im Boden sind sie ideale Anzuchtstationen für tief wurzelnde Arten.

➤ **Joghurtbecher:** Sticht man Löcher in den Boden, bieten sie Platz für je eine Pflanze. Zerschnitten sind sie wetterfeste Etiketten.

PRAXISINFO

Dieses Werkzeug brauchen Sie

✗ **Pikierstab:** Etwa 12 cm langer Holz- oder Plastikstab mit konischer Spitze, um für Samen oder Stecklinge Setzlöcher in die Erde zu bohren.

✗ **Pumpsprüher:** Statt mit hartem Strahl aus der Kanne zu gießen, sprüht man feine Saaten und zarte Stecklinge mit Wasser an, bis die Erde durchfeuchtet ist.

✗ **Brett:** Um die Erde nach dem Einfüllen anzudrücken, ist ein kleines Brett mit Griff hilfreich.

Der richtige Zeitpunkt

Der Zeitpunkt entscheidet oft über Erfolg und Misserfolg. Nur wenn Sie weder zu früh noch zu spät säen, ist der Erfolg sicher.

Auch wenn es Sie noch so reizt, schon Anfang des Jahres mit der Gemüse- oder Sommerblumensaat zu beginnen – üben Sie sich besser in Geduld: Noch ist es zu dunkel, und nur bei idealen Bedingungen hat der Nachwuchs den perfekten Start.

Beschriften Sie die Saaten sorgfältig mit Sortenname und Saattermin.

Licht

In unserem mitteleuropäischen Klima sind die Wintertage kurz und lichtarm, auch am Tag ist der Himmel oft von Wolken verhangen.

➤ Im Januar oder Februar angetriebene Pflanzen leiden deshalb unter Lichtmangel. Die Triebe werden lang und dünn, die Blätter blass. Man sagt, dass die Pflanzen »vergeilen«. Man muss die weichen Triebe abschneiden – der frühe Saattermin zahlt sich nicht aus.

➤ Abhilfe schaffen Pflanzenleuchten (im Fachhandel erhältlich), die Licht abgeben, das die Pflanzen für die Photosynthese nutzen können. Die Lampen sollten so nah wie möglich über den Setzlingen angebracht werden.

Wurzeln wollen's warm

Junge Pflänzchen sind sehr wärmebedürftig, vor allem im Wurzelbereich. Fußkälte in Kombination mit nasser Erde führt rasch zu Fäulnis.

➤ Warten Sie deshalb bis März oder April, bevor Sie mit der Aussaat beginnen. Faulende Pflanzen bedeuten unnütze Arbeit und bringen Ihnen keinen zeitlichen Vorsprung. Unter idealen Keim- und Wachstumsbedingungen erzielen Sie dagegen oftmals sogar raschere Erfolge!

➤ Legen Sie zusätzlich vor allem bei tropischen Pflanzen mit langer Keimdauer Heizmatten (im Fachhandel erhältlich) unter. Sie sind mit Strom betrieben und garantieren tagsüber wie nachts eine konstante Wärme .

TIPP

>> schnell und einfach

Zweijährige Blumen ziehen

➤ Zweijährige Sommerblumen sät man im Juli oder August ins Freie. Sie bilden im ersten Jahr nur Blattrosetten und überwintern mit einer Fichtenreisig-Abdeckung im Freien. Im Folgejahr blühen sie einmalig.

➤ Hierzu zählen: Goldlack, Maßliebchen, Stiefmütterchen, Vergissmeinnicht.

Erst wenn es im Frühjahr warm und hell genug ist, sät man in Schalen und Multitopfplatten mit frischer Aussaaterde.

➤ Wählen Sie für robuste Gemüse- und Sommerblumensaaten Fensterbänke über einer Heizung als Standorte aus. Die aufsteigende Luft wärmt die Erde. Die trockene Heizungsluft ist hier kein Problem, da die Gefäße ja abgedeckt sind und laufend befeuchtet werden.

➤ Härten Sie Sämlinge, die im Schutz des Hauses heranwachsen, ab. An milden Tagen mit über 15 °C werden sie ins Freie an einen halbschattigen Platz gestellt und am Abend, wenn es kühler wird, wieder hereingeholt.

Direktsaat ins Freie

➤ Bei vielen Sommerblumen und Gemüse-Arten lohnt sich die Vorkultur im Haus gar nicht. Die Pflanzen erreichen ihre Endgröße ebenso schnell, wenn man sie direkt ins Freie sät. Bei Kürbisgewächsen wie Zucchini schadet die Vorkultur im Haus sogar, da die Pflänzchen schwach und krankheitsanfällig werden. Auch Sonnenblumen, Schmuckkörbchen oder Kapuzinerkresse sät man direkt ins Freiland, wo sie zügig heranwachsen.

➤ Auf der absolut sicheren Seite sind Sie, wenn Sie mit der Direktsaat bis Mitte Mai warten. In vielen Regionen wird es jedoch ab April bereits nicht mehr frostig und man kann früher mit der Aussaat beginnen. ■

CHECKLISTE

Wann beginnt die Vorkultur in Haus und Garten?

✔ **Januar:** Gazanie, Geranie, Knollen-Begonie, Männertreu, Petunie, Vanilleblume; Blumenkohl, Brokkoli, Rettich

✔ **Februar:** Eisenkraut, Fleißiges Lieschen, Ringelblume, Ziertabak; Kohlrabi, Möhren, Radieschen

✔ **März:** Duftsteinrich, Elfenspiegel, Jungfer im Grünen, Studentenblume, Zier-Salbei, Zinnie; Paprika, Porree, Salate, Sellerie, Tomaten, Zwiebeln

✔ **April/Mai:** Oleander u. a. südländische Kübelpflanzen; Bohnen, Eissalat, Gurken, Rosenkohl

✔ **Juni/Juli/August:** Zweijährige Sommerblumen (→ Seite 10); Feldsalat

Samen vorbehandeln

Samen keimen in der Natur, wenn die Bedingungen günstig sind. Damit Ihr Saatgut zum gewünschten Zeitpunkt aufgeht, können Sie mit ein paar Tricks nachhelfen.

Fallen Samen im Freien zu Boden, helfen kleinste Lebewesen in der Erde wie Pilze, Bakterien oder Tiere, die Samenhülle aufzulösen. Der Keimling hat es so leichter, zu sprießen. Bei der Anzucht zu Hause herrschen dagegen vergleichsweise sterile Bedingungen. Damit der Sämling nicht ganz auf sich allein gestellt ist, können Sie folgende Keimhilfen anwenden.

Anritzen

➤ Große Samen mit harter Schale, z. B. Nüsse, die man leicht zwischen den Fingerspitzen halten kann, ritzt man mit einer Feile quer zur Nahtstelle leicht an. Dabei trennt man die Samenhülle nicht ganz durch, sondern feilt nur eine dünne Stelle, durch die der Keimling leichter ins Freie gelangen kann.

➤ Samen, die man nicht einzeln fassen kann, legt man zwischen Schmirgelpapier und raut die Schalen durch kreisende Bewegungen auf.

Wasserbad

Die meisten Pflanzen geben ihrem Nachwuchs ein richtiges »Lunch-Paket« in Form eines Stärkespeichers im Samen mit auf den Weg. Doch nicht alle statten ihren Nachwuchs auch mit dem nötigen Wasservorrat aus. Dann ist das Nährgewebe wie eine Trockenmasse und muss erst quellen, um für den Keimling verfügbar zu werden. Zu solchen Samen zählen alle, die kein Fruchtfleisch besitzen und in trockenen Kapseln oder Hülsen stecken. z. B. Schmucklilie, Jungfer im Grünen oder Alpenveilchen.

➤ Legen Sie die Samen vor der Aussaat 12–18 Std. in lauwarmes Wasser (18–22 °C).

Lässt man Samen vor dem Säen in lauwarmem Wasser quellen, keimen sie besser. Thermoskannen halten die Wärme gut.

Zum Stratifizieren schichtet man die Samen lagenweise in feuchten Sand in Töpfe und lässt sie über Winter stehen.

Ausgediente Thermoskannen sind hierfür ideal, da sie die Wärme viele Stunden lang speichern.

➤ Lassen Sie die Saat nicht nach dem Motto »Viel hilft viel« tagelang im Wasser liegen. 24 Std. sind das Maximum. Sonst riskiert man, dass die Samen unter Sauerstoffmangel zu faulen beginnen und nicht mehr keimen.

➤ Säen Sie nach dem Wasserbad sofort aus. Die Samen sollten danach feucht bleiben und nicht mehr austrocknen!

Säubern und vereinzeln

Es schadet in der Regel nicht, wenn das Saatgut mit einigen Blattresten, Fasern oder trockenen Fruchtfleischresten vermischt ist. Nur grobe Verunreinigungen sollten entfernt werden, da sie in der Erde zu rotten beginnen und den Sprösslingen schaden. Bei geflügelten Samen, an denen kleine »Fallschirme« oder »Tragflächen« hängen, sollten diese Anhängsel vorsichtig entfernt werden. Sie erschweren die Aussaat, da sich die Flugvorrichtungen verhaken und kein gleichmäßiger Saatabstand möglich ist.

Künstlicher Winter

Pflanzen aus Klimazonen mit ausgeprägten kalten Jahreszeiten programmieren ihre Samen darauf, erst nach dem Winter zu keimen, auch wenn sie schon im Herbst zu Boden fallen. Diese Vorsorge der Natur kann bei Kulturpflanzen hinderlich sein. Denn sie bedeutet, dass viele Samen eine oder mehrere Kälteruhen brauchen, bis sie keimen.

➤ Um die Keimung zu beschleunigen, spielt man den Samen im Kühlfach einen kurzen, heftigen Winter vor.

➤ Alternativ schichtet man sie lagenweise in feuchten Sand in kleine Töpfe. Gärtner nennen das »stratifizieren«. Im Frühbeetkasten oder ungeheizten Gewächshaus, wo sie vor Tieren sicher sind, verbringen sie den Winter. Im Frühjahr sät man dann aus. ■

PRAXISINFO

Keimtest

So prüfen Sie, ob Ihre Gemüse- und Sommerblumensamen vom letzten Jahr immer noch keimfähig sind:

✗ Legen Sie eine Plastikschale mit Deckel (z. B. Petrischalen aus der Apotheke) mit Gartenvlies aus. Gut anfeuchten, die Samen darauf streuen und abdecken. Keine Erde verwenden!

✗ Zeigen nach zehn Tagen bei konstanter Feuchtigkeit über 50 % der Samen grüne Sprosse, ist das Saatgut frisch genug.

✗ Bei weniger als 30 % Keimerfolg sollten Sie sich neues Saatgut besorgen.

Aussäen Schritt für Schritt

Mit etwas Fingerspitzengefühl und den richtigen Arbeitsschritten wird die Aussaat zum Kinderspiel. Stellen Sie zunächst alles, was Sie brauchen, bereit:

➤ Das Saatgut sollte keimfähig, gereinigt und eventuell vorbehandelt sein.

➤ Die Erde muss unbedingt unverwendet und speziell für die Anzucht geeignet sein (→ Seite 8/9).

➤ Reinigen Sie Gefäße und Abdeckhauben vor Gebrauch gründlich, sodass sie keine Erdreste vom Vorjahr mehr enthalten.

Erde einfüllen

➤ Füllen Sie als Erstes die Anzuchterde in die Schalen oder Töpfe ein. Erde, die in 50- oder 80-Liter-Säcken abgepackt ist, sollte man lockern, da sich Klumpen gebildet haben können. Besonders feinkrümelig wird die Erde, wenn man sie durch ein Sieb streut.

➤ Drücken Sie die Erde mit der Hand oder einem Holzbrettchen leicht an, damit sich zu große Luftkammern schließen, in denen die Wurzeln nicht Fuß fassen können.

➤ Lassen Sie einen 1–2 cm hohen Gießrand stehen.

➤ Die Oberfläche der Erde sollte möglichst plan sein, sonst verteilt sich das Gießwasser ungleichmäßig. Trockene oder zu nasse Stellen sind die Folge und die Samen keimen ungleichmäßig.

Samen ausstreuen

➤ Legen oder streuen Sie die Samen in gleichmäßigen Abständen auf die Erde aus.

➤ Mit welcher Seite die Samen nach oben oder unten liegen, ist egal. Die Keimlinge bringen sich in die richtige Position.

1 Schütteln

Verteilen Sie durch Schütteln oder Klopfen auf die Tüte das Saatgut möglichst gleichmäßig. Sät man zu dicht, behindern sich die Keimlinge.

2 Sieben

Um die Samen abzudecken, genügt eine dünne Schicht Erde. Durch ein Sieb gerüttelt, lässt sich die Aussaaterde sehr gleichmäßig streuen.

3 Sprühen

Ein scharfer Wasserstrahl aus der Gießkanne würde die feinen Samen verwirbeln. Benetzen Sie die Erde besser mit einer Sprühflasche.

Pflanzenstärkungsmittel halten Pflänzchen gesund und widerstandsfähig.

➤ Gießen Sie die Flächen vorsichtig an. Gibt man Wachstumshilfen mit Braunalgenextrakten ins Wasser, wird die Keimung stimuliert.

Aussaat im Freien

Das A und O bei der Aussaat im Freien ist die Bodenbearbeitung. Beginnen Sie im Frühjahr erst damit, wenn die Erde leicht feucht und weder nass noch verkrustet ist.

➤ Lockern Sie die Erde mit der Harke. Zerteilen Sie auch kleinste Erdklumpen.

➤ Ebnen Sie die feinkrümelige Erde mit dem Rechen ein und ziehen Sie Saatreihen Dann verfährt man wie bei der Aussaat in Schalen.

Dunkel- und Lichtkeimer

Die meisten Pflanzen sind lichtneutral: Sie keimen, egal, ob sie dem Licht ausgesetzt sind oder nicht.

➤ Es gibt jedoch ausgesprochene Dunkelkeimer, die nur unter Lichtabschluss keimen. Man deckt sie deshalb mit Erde ab. Als Faustregel gilt: Der Same sollte so dick mit Erde überdeckt werden, wie er groß ist. Feine Samen erhalten eine puderdünne Abdeckung. Zu den Dunkelkeimern zählen Petunie, Stiefmütterchen und Vergissmeinnicht.

➤ Nur wenige Pflanzen wie Begonie, Fleißiges Lieschen, Gazanie, Hahnenkamm oder Männertreu zählen zu den Lichtkeimern. Ihre Saat wird nicht mit Erde abgedeckt, sondern nur lose aufgestreut.

Abdecken

Zarte Keimlinge brauchen eine möglichst gleichmäßige Luft- und Bodentemperatur sowie -feuchte. Am besten für ein solches Kleinklima sind Abdeckungen, die man direkt über die Saatgefäße stülpt:

➤ Saatschalen werden meist mit Plastikdeckel angeboten. Sie passen genau und schließen dicht. Auf ihrer Oberseite sind Lüftungsklappen, die geöffnet werden können, sobald die Keimlinge die ersten Blättchen entfaltet haben.

➤ Durchsichtige Plastiktüten haben Nachteile. Sie lassen wenig Licht durch und halten die Feuchtigkeit in ihren Falten lange. So siedeln sich leicht Algen an.

➤ Hygienisch ideal sind Glashauben oder -scheiben. Passen sie auf die Gefäße, reicht die Palette von Käseglocken über Einmachgläser bis zu kleinen Aquarien. ■

PRAXISINFO

Feine Samen

- ✗ Vermischen Sie kleine Samen mit trockenem Sand, dann lassen sie sich gleichmäßiger streuen.
- ✗ Pilliertes Saatgut ist mit einer Schicht abbaubarem Material umgeben, damit die Samen alle gleich groß sind. So kann man das einzelne Korn besser greifen.
- ✗ In Saatbändern oder -platten sind die Samen im richtigen Abstand in ein Vlies eingebettet, das sich in der Erde auflöst.
- ✗ Lassen Sie beim Säen im Freien die Saat durch ein dünnes Rohr in die Saatrillen fallen, dann müssen Sie sich nicht bücken.

Neue Sorten selber züchten

Wenn Sie die Blütenbestäubung nicht einfach dem Zufall überlassen, können Sie zu Hause selber neue Sorten züchten, die sogar Ihren Namen tragen.

Pflanzen, von denen es bereits Hunderte bewährter Sorten gibt, sind im Allgemeinen leicht zu kreuzen. Dazu gehören z. B. Passionsblumen. Suchen Sie sich zwei Pflanzen der gleichen Art aus, von denen Sie sich durch die Kreuzung ihrer Eigenschaften ein gutes Ergebnis erwarten, wie z. B. eine neue Blütenfarbe. Hüllen Sie die Blüten, die Sie bestäuben möchten, vorsichtig in Plastiktüten, wenn sie sich öffnen, damit sie nicht von anderen Pflanzen bestäubt werden.

Von den Blüten, die als Pollenspender dienen, schneiden Sie die Staubfäden ab, sobald sie ihre Pollen freigeben. Das erkennt man daran, dass der Pollen in Form von feinen Blütenstaub zu sehen ist.

Zur Befruchtung betupfen Sie mit diesen Pollen die Stempel der Partnerblüten. Die betupften Blüten tüten Sie wieder ein, damit sie kein anderer Pollen erreichen kann. Glückt die Bestäubung, bilden sich Samen. Säen Sie die reifen Samen aus und begutachten Sie die heranwachsenden Pflanzen. Die Mühe lohnt sich: Wenn Sie eine neue Sorte züchten, dürfen Sie ihr natürlich auch einen Namen Ihrer Wahl geben!

PRAXISINFO

Züchten Schritt für Schritt

Zeitbedarf: ca. 30 Minuten

Material:

- zwei Pflanzen der gleichen Art mit wünschenswerten Eigenschaften
- durchsichtige, wasserdichte Plastiktüten
- wasserfester Stift zum Beschriften

Werkzeug:

- Pinzette
- Der beste Zeitpunkt zur Bestäubung sind die Vormittagsstunden von 10 bis 11 Uhr, da die Blüten dann voll geöffnet sind. Bis zum Abend welken viele bereits wieder.
- Berühren Sie Blütenteile wie die Staubfäden mit den männlichen Pollen nur mit der Pinzette, da sie leicht beschädigt oder mit Keimen infiziert werden können.
- Die nach der Befruchtung entstandenen Samen geben Sie in eine Plastiktüte und notieren, wer die Elternpflanzen sind. Die Angabe ist wichtig, damit Sie auch nach ein paar Jahren noch wissen, wer die Eltern der neuen Sorte waren.

Pollenernte

1

Schneiden Sie von einer voll geöffneten Blüte einzelne Staubfäden ab, die an ihrer Spitze den männlichen Pollen tragen. Neben Passionsblumen lassen sich auch Tag- und Schwertlilien oder Hibiskus leicht züchten.

2

Bestäubung

Die Staubfäden werden mit einer Pinzette gehalten. Dann betupft man damit vorsichtig den Stempel der auserwählten weiblichen Blüte.

Abdecken

3

Damit das Zuchtergebnis nicht durch unerwünschten fremden Pollen beeinflusst wird, schützt man die Blüte mit einer durchsichtigen Plastiktüte.

Erfolg mit Stecklingen

Aus Teilstücken der Stängel von Bäumen, Sträuchern, Kübel- sowie Zimmerpflanzen und Stauden lassen sich im Handumdrehen neue Pflänzchen heranziehen. Oberirdische Pflanzenteile, die an ihren Schnittstellen oder Knoten (→ Seite 9)

Mit scharfer Klinge trennt man vom Oleander kräftige Triebspitzen ab.

Wurzeln bilden können, nennt man Stecklinge. Aus ihnen entstehen Jungpflanzen, die identische Kopien der Mutterpflanzen sind. Die beste Zeit, Pflanzen mithilfe von Stecklingen zu vermehren, sind die Sommermonate, da die Jungpflanzen dann bis zum Winter noch kräftig genug werden und die kalte Jahreszeit gut überstehen.

Stecklinge schneiden

➤ Am besten wachsen Stecklinge aus Triebspitzen an, da sie von Natur aus auf Wachstum programmiert sind. Solche Stecklinge nennt man Kopf-Stecklinge.

➤ Bei vielen Pflanzen wurzeln jedoch auch Trieb-Zwischenstücke sehr gut an. Sie werden Teil-Stecklinge genannt.

➤ Eine gute Länge für Stecklinge sind 12–15 cm. Bei sehr kleinblättrigen Pflanzen wie Buchs, Lavendel oder der Strauchmargerite, deren Laub in kurzem Abstand steht, reichen auch kürzere Stücke. Bei großblättrigen Arten wie Rhododendron, Kirschlorbeer oder Engelstrompete sollten die Stücke länger sein.

➤ Jeder Steckling muss an der Spitze zwei bis vier gesunde, junge Blätter und darunter vier bis sechs weitere tragen, damit er genug Knoten und teilungsfähige Zellen besitzt.

➤ Diese unteren Blätter werden samt Stiel entfernt, damit die Knoten frei liegen.

➤ Anschließend werden die unteren Enden der Stecklinge nachgeschnitten: Führen Sie einen Schnitt 5 mm unter dem letzten Knoten durch.

➤ Zum Schluss werden bei Teilstecklingen die Stängel von oben her auf etwa 3–5 mm über dem letzten Blatt eingekürzt.

TIPP

>> schnell und einfach

Frisch halten

➤ Stecklinge welken rasch, sobald man sie geschnitten hat.

➤ Um den Feuchtigkeitsverlust vor dem Stecken zu verringern, schlägt man die Stecklinge in feuchtes Zeitungspapier ein oder übersprüht das Laub alle zehn Minuten.

➤ Alternativ stellen Sie die Stecklinge in ein Glas mit Wasser.

1 Schneiden

Kürzen Sie bei großblättrigen Stecklingen die verbleibenden Blätter etwa um die Hälfte ein.

2 Stecken

Die Stecklinge werden in Pflanzlöcher gesteckt, die man mit dem Pikierstab vorbereitet.

3 Abdecken

Decken Sie die fertigen Stecklinge mit einer durchsichtigen Haube ab.

Gefäße vorbereiten

➤ Füllen Sie so viele Töpfe mit frischer Anzuchterde, dass für jeden Steckling ein eigenes Gefäß zur Verfügung steht. Auch Multitopfplatten aus Plastik sind praktisch. Saatschalen sind für Stecklinge meistens ungeeignet, da sie zu flach sind.

➤ Drücken Sie die Erde mit den Fingerspitzen vorsichtig fest, damit sich eventuelle Hohlräume schließen.

➤ Bohren Sie dann mit einem Pikierstab oder einfachem Holzstab in der Mitte jedes Töpfchens ein senkrechtes Loch.

Stecklinge setzen

➤ Das untere Ende der Stecklinge wird nun senkrecht so weit in das vorgebohrte Loch gesteckt, dass mindestens zwei Knoten, besser drei oder vier, in der Erde sind. Idealerweise steckt eine Hälfte des Stecklings im Boden, die andere ragt heraus. Aber auch ein Verhältnis von einem Drittel im Boden zu zwei Dritteln über der Erde ist o.k., nicht aber umgekehrt!

➤ Damit der Steckling Halt und Bodenkontakt bekommt, drücken Sie nun die Erde rund um die Stiele mit den Fingerspitzen fest. Achten Sie dabei darauf, dass Sie das Pflanzengewebe nicht quetschen!

Richtig aufstellen

➤ Wie bei der Aussaat (→ Seite 14) sorgen Plastik- oder Glashauben für ein optimales feuchtwarmes Kleinklima.

➤ Stellen Sie die Stecklinge an helle, aber unbesonnte Plätze.

➤ Die Bodentemperatur sollte bei 18–22 °C liegen. ■

PRAXISINFO

So müssen Stecklinge sein:

- ✗ Die Stängel sollten kräftig, aber nicht verholzt, die Rinde saftig grün sein.
- ✗ Der Durchmesser der Stecklinge liegt zwischen 2,5 und 5 mm.
- ✗ Der Trieb darf keine Blüten oder Blütenanlagen tragen.
- ✗ Der Trieb muss krankheits- und schädlingsfrei sein.
- ✗ Bei rasch verholzenden Pflanzen empfiehlt es sich, Bewurzelungspulver (im Fachhandel erhältlich) zu verwenden. Es desinfiziert und enthält Hormone, die das Wurzelwachstum anregen.

Steckhölzer und Wurzelschnittlinge

Verholzte Pflanzen wie Obst- und Blütensträucher vermehrt man durch Steckhölzer: Die blattlosen Zweigstücke treiben im Frühling zuverlässig aus.

Nicht nur beliebte Blütensträucher wie Goldglöckchen, Hartriegel und Co. lassen sich mit Steckhölzern vermehren, sondern auch Johannisbeeren, Feigen und anderes Obst, das nicht nur durch Veredelung (→ Seite 32) gewonnen wird. Der Vorteil dieser Vermehrungsmethode: Sie erhalten rasch sehr kräftige Jungpflanzen.

Steckhölzer lagern über Winter in feuchtem Sand in kühlen Kellerräumen.

Steckhölzer schneiden

➤ Geerntet werden Steckhölzer im Herbst, kurz nach dem Laubfall.

➤ Suchen Sie sich gut verholzte, unverzweigte Triebe mit 5–8 mm Durchmesser aus, die in diesem Jahr herangewachsen sind, da sie besser austreiben als ältere Triebe.

➤ Zerteilen Sie die Triebe in Stücke von 25–30 cm Länge.

➤ Schneiden Sie das obere Ende gerade ab, das untere schräg. So wissen Sie, welches Ende des Steckholzes nach oben zeigen muss. An der größeren, schrägen Schnittfläche am unteren Ende können sich außerdem mehr Wurzeln bilden.

Lagerung im Winter

➤ In Regionen mit mildem Klima können Sie die Steckhölzer gebündelt im Freien lagern. Dazu heben Sie eine kleine Grube aus, füllen sie mit Sand, geben die Steckhölzer hinein und decken sie mit Sand ab. Eine zusätzliche Abdeckung mit Fichtenreisig bewahrt die Steckhölzer vor dem Austrocknen und verhindert außerdem, dass sie durch die Wintersonne verfrüht austreiben.

➤ In rauen Klimazonen überwintern Sie die Steckholzbündel dagegen besser in Glashäusern, Frühbeeten oder in Kellern.

➤ Dazu werden sie in sandgefüllte Kisten geschichtet

TIPP

>> schnell und einfach

Steckholz-Rolle

Statt in Sandkisten kann man Steckhölzer in Rollen lagern.

➤ Dazu einen beliebig langen, 30 cm breiten Streifen Teichfolie ausschneiden.

➤ Feuchten Sand darauf geben, Steckhölzer hineindrücken und alles aufwickeln.

➤ Zusammenbinden und im Keller lagern, dabei feucht halten.

Wurzelstücke von Stauden und Gräsern wie Bambus treiben neu aus.

und konstant leicht feucht gehalten. Schauen Sie regelmäßig nach, ob der Sand noch feucht genug ist.

Steckhölzer einpflanzen

➤ Ab März holt man die Steckhölzer aus ihren Lagern und bereitet einen halbschattigen, luftfeuchten Pflanzplatz mit lockerem, humusreichem Boden vor. Schwere Lehmböden verbessert man mit grobem Sand, zu leichte Sandböden mit Komposterde.

➤ Stechen Sie mit dem Spaten in die Erde und bewegen Sie den Stiel mehrmals hin und her, um einen schmalen Bodenspalt zu öffnen. Ziehen Sie so mehrere Reihen im Abstand von 40–50 cm.

➤ Setzen Sie die Steckhölzer mit ihrem schrägen Ende voraus im Abstand von 30 cm in den Spalt ein. Zwei Drittel ihrer Länge sollten sich im Boden befinden, ein Drittel sollte herausschauen.

➤ Drücken Sie nun die Erde vorsichtig an oder treten Sie sie fest und wässern Sie kräftig mit dem Gartenschlauch.

➤ Damit sich Jungpflanzen von Anfang an gut verzweigen, schneidet man die Spitze des frischen Austriebs im Sommer ab.

Wurzelschnittlinge

Diese Methode wendet man bei Arten an, die Ausläufer treiben und aus kurzen Wurzelstücken neue Pflanzen bilden können. Hierzu zählen einige Gehölze wie Aralie, Essigbaum, Flieder oder Götterbaum, aber auch Stauden wie Etagenprimel, Herbst-Anemone, Storchschnabel oder Edeldisteln.

➤ Um Wurzelschnittlinge zu gewinnen, legt man im März oder April einen Teil der Wurzeln frei oder gräbt bei Stauden ganze Horste aus.

➤ Trennen Sie einige gesunde Wurzelstränge ab und schneiden Sie diese in etwa 5–7 cm lange Teilstücke. Jedes Teilstück sollte mindestens zwei gesunde Augen haben. Das obere Ende wird wieder gerade und das untere schräg geschnitten.

➤ Schnittlinge von dickwurzeligen Pflanzen steckt man senkrecht in mit Erde gefüllte Töpfe, sodass ihr gerades Ende mit der Erdoberfläche abschließt. Dünne Wurzelschnittlinge legt man waagerecht in Aussaatschalen. ■

CHECKLISTE

Steckhölzer-Test

Prüfen Sie nach dem Winterlager, ob die Steckhölzer noch frisch und triebfähig sind:

- ✔ Die Rinde sollte fest und nicht runzelig sein.
- ✔ Reibt man die Rinde zwischen den Fingern, darf sie sich nicht ablösen.
- ✔ Drückt man mit dem Fingernagel auf die Hölzer, soll etwas Saft austreten.
- ✔ Die Färbung der Steckhölzer sollte hellbraun oder grün und nicht schwärzlich sein. Flecken deuten auf Pilzkrankheiten hin.

Teilung: Aus Alt wird Neu

Teilen garantiert doppelten Erfolg: Sie erhalten neue Pflanzen und verjüngen alte Stauden und Gräser.

Zum Teilen sind grundsätzlich alle Pflanzen geeignet, die nicht verholzt sind. Ideal sind Pflanzen, die in Horsten wachsen, wie etwa Gräser,

Wüchsige Stauden wie den Frauenmantel teilt man mit dem Spaten.

Taglilien und viele andere Stauden. Durch die Teilung gewinnt man jedoch nicht nur viele neue Pflanzen, die mit der Mutterpflanze identisch sind, sondern hält auch gleichzeitig die alten Pflanzen jung und vital: Den meisten Stauden tut es gut, wenn man sie nach einigen Jahren ausgräbt, die ältesten Partien abtrennt und nur die jüngsten Teilstücke wieder einpflanzt. So bleiben sie blühfreudig.

Richtig teilen

➤ Der beste Zeitpunkt zum Teilen ist der Frühling von März bis Mai, also die Zeit, bevor die Pflanzen neu austreiben. Viele Pflanzen lassen sich außerdem sehr gut nach der Blüte während des Sommers teilen.

➤ Graben oder topfen Sie kräftige Stauden aus und halbieren Sie die Horste.

➤ Besonders schonend ist es, wenn man die Wurzeln vorsichtig mit den Händen auseinander zieht. Dies gelingt aber nur selten, da die Wurzeln meist stark verfilzt sind.

➤ Dann durchtrennen Sie die Horste mit einer Säge oder einem scharfen Messer. Versuchen Sie dabei, möglichst wenige Blätter zu verletzen. Auch ein Spaten ist geeignet. Da man mit ihm jedoch leicht abrutscht und die Pflanzen beschädigt, sollte er nur bei sehr robusten Arten zum Einsatz kommen.

➤ Anschließend können Sie die Wurzelstöcke je nach Größe weiter vierteln oder achteln. Achten Sie aber darauf, dass keine zu kleinen Teilstücke übrig bleiben, die nicht lebensfähig sind.

Teilstücke vorbereiten

➤ Entfernen Sie von jedem Teilstück alte oder beschädigte Blätter.

SPARTIPP

>> schnell und einfach

Tausch mit Nachbarn

➤ Die einfachste Art, Pflanzen zu bekommen, ist der Austausch von geteilten Pflanzen mit Freunden und Nachbarn.

➤ Auch Pflanzenbörsen (Lokalpresse) bieten kostenlosen Pflanzentausch. Im Internet findet man unter www.pflanzenboerse.de Tauschmöglichkeiten.

Teilen Sie Ihre Stauden regelmäßig und tauschen Sie die Tochter-Pflanzen mit Nachbarn aus.

➤ Abgebrochene Wurzeln müssen Sie nachschneiden, da glatte Wunden besser heilen als Bruchstellen oder ausgefranste Enden. Unbeschädigte, zu lange Wurzeln, die beim Einsetzen brechen, kürzen Sie ein. Nutzen Sie Reste als Wurzelschnittlinge (→ Seite 21). Dazu eignen sich z. B. Bambus oder Veilchen.

➤ Entfernen Sie Blüten oder Blütenansätze, da sie Kräfte verbrauchen, die besser in die Regeneration der Teilstücke fließen sollen (→ Seite 7).

Teilstücke einpflanzen

➤ Die jungen und gesunden Teilstücke werden nun eingepflanzt, damit sie zu neuen, kräftigen Pflanzen heranwachsen. Dazu setzt man sie an Ort und Stelle zurück ins Beet in den gelockerten Boden. Alternativ bereichert man mit ihnen seine Topfpflanzensammlung und setzt sie in Gefäße.

➤ Pflanzen Sie die Teilstücke nicht zu tief ein. Die Stängelansätze sollten mit der Bodenoberfläche abschließen. Sitzen sie zu tief im Boden, beginnen sie zu faulen. Sind die Pflanzen jedoch zu flach eingesetzt, ragen die Wurzelansätze über den Boden, trocknen ein und können nicht mehr zur Versorgung der Pflanzen beitragen.

➤ Weil die Wurzelmenge der neuen Teilpflanzen reduziert ist, haben die Teilstücke oft keine ausreichende Standfestigkeit. Geben Sie deshalb wackeligen Kandidaten mit Stützstäben Halt. Bei starkem Wind reißen die frisch gebildeten Wurzeln sonst ab.

➤ Gießen Sie die frisch gesetzten Pflanzen anschließend reichlich, damit die Erde durchtränkt wird. Bei trockenem Boden ist die Bildung der Wurzeln gehemmt und die Pflanzen gehen ein.

➤ Teilstücke mit nur wenigen Wurzeln setzt man besser in Töpfe und kultiviert sie wie Stecklinge (→ Seite 18). So sind sie geschützter und können neue Wurzelmasse bilden. Sie werden erst später im Jahr oder im Folgejahr in den Garten ausgepflanzt. ■

PRAXISINFO

So heilen Schnittwunden schneller

- ✗ Bestäuben Sie größere Teilungswunden mit Holzkohlepulver, um sie zu trocknen und zu desinfizieren.
- ✗ Große Schnittflächen waschen Sie gründlich ab. Legen Sie die Teilstücke einige Stunden zum Trocknen an eine schattige Stelle. So bildet die Wunde einen Schutzfilm.
- ✗ Kies in den Pflanzlöchern verhindert Staunässe, die Wurzeln faulen nicht.

Nachwuchs aus Blatt und Stamm

Man braucht nur einzelne Blätter, Blattteile oder kurze Stammstücke, um aus Zimmerpflanzen kräftige Ableger heranzuziehen.

Diese Vermehrungsart ist besonders effektiv, weil man mit ihr aus nur einer Pflanze Hunderte von Ablegern

Beim Abmoosen befeuchtet man das Substrat und bindet dann die Tüte zu.

gewinnen kann, die wie bei jeder vegetativen Vermehrung genetisch exakte Kopien der Mutterpflanze sind. Die beste Zeit für diese Methode ist von Mai bis August. Mit zusätzlicher Wärme und Licht können Sie den Zeitraum aber auch verlängern.

Blattstiel-Stecklinge

Beim Usambaraveilchen genügt ein Blatt mit Stiel, um neue Veilchen zu ziehen.

➤ Reißen Sie einzelne Blätter samt Stiel vorsichtig am Ansatz ab.

➤ Stecken Sie die Blattstiele anschließend so weit in Töpfe mit Anzuchterde, dass die Basis des Blatts das Substrat gerade berührt.

➤ Wenn Sie die Erde konstant leicht feucht halten, sprießen nach vier bis sechs Wochen neue Pflänzchen.

Blatt-Stecklinge

➤ Trennen Sie zum Beispiel von Begonien gesunde Blätter ab und schneiden Sie auf der Unterseite an mehreren Stellen die Blattadern ein. Setzen Sie die 1–2 cm langen Schnitte quer zu den Blattadern.

➤ Legen Sie Blätter mit der Unterseite in mit Erde gefüllte Saatschalen. Kleine Kieselsteinchen beschweren die Blätter und sorgen für den nötigen Erdkontakt. Alternativ steckt man sie mit u-förmigen Drahtklemmen fest.

➤ Besprühen Sie die Blätter regelmäßig und halten Sie die Erde feucht. So entwickeln sich an den Schnittstellen zarte Wurzeln und bald kleine Blättchen.

➤ Sind die kleinen Pflänzchen kräftig geworden, löst man sie mit einem Pikierstab aus der Erde und setzt sie einzeln in Töpfe.

Blattteil-Stecklinge

Ein Beispiel für die Vermehrung mit Blattteil-Stecklingen ist der Bogenhanf.

➤ Schneiden Sie eines seiner langen Blätter mehrfach quer durch, sodass 5–10 cm lange Stücke entstehen.

➤ Stecken Sie diese Stücke in der Wuchsrichtung senkrecht und etwa zur Hälfte in mit Erde gefüllte Töpfe. Nach wenigen Wochen treiben frische Sprosse aus.

Stamm-Stecklinge

Stößt Ihre Yucca-Palme schon an die Zimmerdecke? Dann schneiden Sie den Stamm

1 Schneiden

Teilen Sie gesunde Blätter der Drehfrucht entlang der Mittelrippe in zwei Hälften. Wichtig: Ein scharfes, sauberes Messer verhindert Infektionen.

2 Stecken

Stecken Sie die Blatthälften senkrecht in frische Aussaaterde und drücken Sie das Substrat leicht fest, damit die Blätter Halt bekommen.

3 Sprießen

Oft schon nach vier bis sechs Wochen bahnen sich junge Pflänzchen den Weg. Sie werden pikiert (→ Seite 38) und in eigene Töpfchen gesetzt.

einfach an beliebiger Stelle ab! Selbst wenn die Pflanze nun kein Blatt mehr hat, wird sie neu austreiben. Allerdings kann es Wochen oder Monate dauern, bis aus den Stämmen frische Seitentriebe sprießen.

➤ Das abgetrennte Stammstück teilen Sie mit einer scharfen Säge in 20–30 cm lange Stücke und stecken diese zur Hälfte senkrecht in mit Erde gefüllte Töpfe. Achten Sie darauf, dass das obere Ende wieder nach oben zeigt. Denn verkehrt herum gesteckte Stücke bilden keine Wurzeln. Dieffenbachien kann man alternativ waagerecht auf die Erde legen und zur Hälfte ihrer Dicke in das Substrat drücken.

Abmoosen

Das Abmossen ist eine Vermehrungstechnik für Zimmerbäume, aber auch für Ziergehölze im Freiland.

➤ Ritzen Sie den Stamm dazu 20–40 cm unterhalb der Spitze mit einem scharfen Messer mehrfach ein.

➤ Umhüllen Sie die Wunden mit feuchtem Moos oder Seramis und einer Plastiktüte, die Sie oben und unten zubinden. Das Moos ansprühen, damit es feucht bleibt.

➤ Durchziehen nach ein paar Wochen oder Monaten Wurzeln das Moos, schneidet man den Stamm unter der Bewurzelungsstelle ab und pflanzt ihn ein. Der alte Stamm treibt meist neu aus. ■

CHECKLISTE

Mit dieser Methode funktioniert die Vermehrung

✔ **Blatt-Stecklinge:** Echeveria, Flammendes Käthchen, Geldbaum, Hauswurz, Rosetten-Dickblatt, Usambaraveilchen

✔ **Blattteil-Stecklinge:** Blattbegonie, Bogenhanf, Drehfrucht, Gloxinie, Veltheimia, Weihnachtskaktus

✔ **Stamm-Stecklinge:** Drachenbaum, Dieffenbachie, Pachira, Yucca-Palme

✔ **Abmoosen:** Efeu-Aralie, Fensterblatt, Ficus-Arten, Philodendron, Wunderbaum

Absenker und Ausläufer

Absenker und Ausläufer bleiben wie durch eine Nabelschnur so lange mit der Mutterpflanze verbunden, bis sie auf eigenen Wurzeln »stehen« können.

Diese Techniken werden vor allem bei Pflanzen mit langen, biegsamen Trieben ange-

Clematis-Ableger können Sie direkt an der Pflanze bewurzeln.

wendet, klassischerweise bei Kletterpflanzen. Aber auch Sträucher mit biegsamen Zweigen wie Haselnuss oder Kornelkirsche sind geeignet. Ausläufer gewinnt man aus Polsterstauden und Sträuchern mit weit reichenden Wurzeln. Der richtige Zeitpunkt für diese Methode ist zwischen März und Mai.

Absenker vorbereiten

➤ Wählen Sie gesunde, kräftige Triebe vom Rand des Pflanzenstocks aus.

➤ Drücken Sie diese vorsichtig zu Boden, ohne dass sie brechen. Markieren Sie nun den Scheitelpunkt der Biegung an der Pflanze dort, wo die Triebe die Erde berühren.

➤ Schneiden Sie am Scheitelpunkt der Biegung die Rinde mit einem scharfen, desinfizierten Messer leicht ein. Der Schnitt sollte nur ein Drittel bis maximal die Hälfte des Triebdurchmessers betragen. An dieser Verletzung bilden sich später Wurzeln.

➤ Damit die Pflanze die Wunde nicht schließt, klemmen Sie ein kleines Steinchen in den entstehenden Spalt.

Absenker einsetzen

➤ Heben Sie dort, wo die Triebe den Boden berühren, 15–20 cm tiefe Gruben aus.

➤ Biegen Sie die Triebe erneut zu Boden, damit die eingeschnittene Trieb-Stelle in die Mulde zu liegen kommt.

➤ Da der Trieb durch das Herunterbiegen unter Spannung steht, fixiert man ihn mit Drahtklemmen im Boden.

➤ Füllen Sie die Mulde mit nahrhafter, reifer Komposterde auf und wässern Sie reichlich.

➤ Triebe zunächst nicht von der Mutterpflanze trennen!

TIPP

>> schnell und einfach

Farn vermehren

➤ Farne werden nur scheinbar aus Blättern vermehrt. Auf der Blattunterseite befinden sich vielmehr Sporenträger, aus deren Sporen die Vorstufen späterer Farne wachsen.

➤ Deshalb legt man die Blätter für ca. zwei Wochen mit der Unterseite auf Anzuchtschalen, bis die Sporen ausfallen und keimen.

1 **Anritzen**

Fügen Sie dem Trieb dort eine leichte Schnittwunde zu, wo er in den Topf eingesenkt wird.

2 **Feststecken**

Der Trieb wird mit Hilfe einer Drahtklammer (z. B. umgebogene Büroklammer) in die Erde gedrückt.

3 **Aufbinden**

Binden Sie die über den Topf ragende Triebspitze an einem Holzstab hoch.

Absenker umpflanzen

Die Absenker werden während der nächsten Monate von der Mutterpflanze mit Wasser und Nährstoffen versorgt. Das Wachsen der Triebspitze verrät, dass der Absenker Wurzeln gebildet hat.

➤ Jetzt trennt man den Absenker von der Mutterpflanze. Der Schnitt wird dort angesetzt, wo der Trieb die Erdmulde in Richtung Mutterpflanze verlässt.

➤ Die eigenständige Jungpflanze sollte noch vier bis sechs Wochen an ihrem Platz bleiben, damit sie sich etabliert und einen dichten Wurzelbart bildet. Dann setzt man sie an den ihr zugedachten Platz, sofern der Zeitpunkt in die Frühjahrs- oder Herbst-Pflanzzeit fällt.

Ausläufer bewurzeln

➤ Polsterpflanzen, deren Triebe am Boden kriechen, bilden oft natürlicherweise dort Wurzeln, wo sie Erdkontakt haben. In diesen Fällen trennt man die Ausläufer einfach von der Mutterpflanze ab und setzt sie um.

➤ Bei anderen Polsterpflanzen haben die Ausläufer keinen Bodenkontakt und bilden auch keine Wurzeln. Hier hilft man nach, indem man die Triebe teilweise entblättert und die kahlen Stellen mit sandiger Komposterde überdeckt. Bei Heide, Thymian und ähnlichen horstartigen Kleinsträuchern streut man die Sand-Kompost-Mischung ins Zentrum der Pflanze und häufelt sie auf diese Weise an.

➤ Bis zum Folgejahr haben die Triebe meist Wurzeln gebildet und können vorsichtig abgetrennt und eingepflanzt werden. ■

CHECKLISTE

Anwuchserfolg überprüfen

- ✔ Zeigen sich an den Spitzen frische Blätter, sind die Pflanzen gut angewachsen.
- ✔ Bei kleinen Töpfen sind die Wurzeln oft schon durch die Abzugslöcher zu sehen oder wachsen sogar aus diesen heraus.
- ✔ Ein leichter Zug an den Ablegern zeigt, ob sie bereits Halt und damit Wurzeln haben.
- ✔ Topfen Sie zum Test einen Ableger aus: Hat einer Wurzeln, haben die anderen meist auch welche. Ist er noch unbewurzelt, kann man den Einzel-Verlust gut verkraften.

Zwiebeln und Knollen

Wer neue Tulpen, Narzissen, Lilien und andere Zwiebel- und Knollenpflanzen möchte, hat es leicht: Die Pflanzen vermehren sich quasi von allein!

Wie in richtigen Familien spricht man bei den Zwiebel- und Knollenpflanzen von »Müttern« und »Töchtern«, die sich auf natürliche Weise jedes Jahr zahlreich bilden.

Nehmen Sie sprießende Tochterzwiebeln an der Basis einfach ab.

Brutzwiebeln und -knollen ernten

➤ Nach der Blüte entwickeln Tulpe und Co. zunächst kräftige Blätter, in denen sie Zucker und damit Energievorräte aufbauen (Photosynthese). Während des Sommers aber welken die Blätter, da die aufgebaute Energie nun in den unterirdischen Zwiebeln gespeichert wird.

➤ Nachdem die Pflanzen ihre Blätter eingezogen haben (Mai–Juli), gräbt man ältere Zwiebel- und Knollenhorste aus. Dabei legt man meist viele kleine Tochterzwiebeln oder -knollen frei, die man nur abtrennen oder abbrechen und einpflanzen muss.

Bestimmte Lauch-Arten tragen ihren Nachwuchs an den Blütenständen.

➤ Nebeneffekt: Durch das Abnehmen der Zwiebeln bleiben die Mutterpflanzen blühfreudig, denn die Töchter werden für die Mütter zu immer stärkeren Konkurrentinnen im Kampf um den Platz und um die Nährstoffe.

TIPP

>> schnell und einfach

Zwiebeln aus der Tüte

➤ Zwiebeln und Knollen sind wahre Energiespeicher, die auch ohne Wasser- und Nährstoffzufuhr treiben können. Trennt man von kräftigen Lilien-Zwiebeln einzelne Schuppen ab und bettet sie in Tüten mit feuchter, sandiger Erde, sprießen an der Basis kleine Zwiebeln.

➤ Die fahlweißen Zwiebelchen werden abgetrennt und in eigene Töpfe oder Schalen gesetzt. Die Pflanztiefe sollte so viele Zentimeter betragen, wie die Zwiebeln selbst hoch sind – das gilt als Pflanz-Grundregel für alle Zwiebel- und Knollenpflanzen.

Bulben

Lilien bilden nicht in der Erde, sondern an den Stängeln fertige Ableger aus, die man als »Bulben« bezeichnet. Sie sitzen je nach Art in den Blattachseln oder am Stängelansatz und können mit den Fingern abgetrennt und zunächst in Einzeltöpfen kultiviert werden. Im Folgejahr setzt man sie in den Garten.

Nachwuchs fördern

Sollte die natürliche Produktion von Tochterzwiebeln nicht genügen, können Sie wie folgt nachhelfen:

➤ Bei Lilien können Sie von großen Zwiebeln einzelne Schuppen abtrennen und in Saatschalen stecken. An ihrer Basis bilden sich kleine Zwiebelchen, die zu eigenständigen Pflanzen heranwachsen.

➤ Hyazinthen, Blausterne, Kaiserkronen oder Alpenveilchen regt man zur Bildung von Tochterzwiebeln oder -knollen an, indem man die Zwiebelböden verletzt. Dazu schneidet man sie mit einem sauberen, scharfen Messer kreuzförmig einige Millimeter tief ein. Die Schnitte bestäubt man zur Desinfektion mit Holzkohlepulver und setzt die Zwiebeln wieder ein.

Zerteilt man Dahlien in einzelne »Finger«, erhält man reichlich Ableger.

➤ Im Folgejahr bricht man alle Blüten frühzeitig aus, damit die Pflanzen alle Energie in die Bildung von Tochterzwiebeln oder -knollen stecken. Das Jahr darauf gräbt man sie aus und nimmt den Nachwuchs ab.

Aussaat

Die Aussaat ist bei Zwiebelblumen sehr langwierig: Es dauert zwischen drei und fünf Jahre, bis die Sämlinge erstmals blühen. ■

PRAXISINFO

Zwiebeln richtig einpflanzen

✗ Die meisten Zwiebel- und Knollenpflanzen lieben durchlässige, mit Steinen oder Sand vermischte Pflanzerde.

✗ Damit die Zwiebeln bei schwereren Böden nicht faulen, gibt man eine 5–10 cm dicke Schicht Kies oder Splitt als Dränage in die Pflanzlöcher.

✗ Zum Schutz vor Wühlmäusen und anderen Nagern sollte man fraßgefährdete Zwiebeln in stabile Drahtkörbe legen und mit diesen einpflanzen.

>>Kinder-Spezial

Spaß für Kinder

Kinde-l-leicht

Grünlilie und Co. machen euch die Vermehrung einfach, da sie (fast) fertige Ableger bilden.

Bei Pflanzen spricht der Gärtner nicht von »Kindern«, sondern von »Kindeln«, was sehr ähnlich klingt. Gemeint sind Sprosse, die schon eigene Blätter und Wurzeln haben, aber noch mit der Mutterpflanze verbunden sind.

Grünlilien bilden lange Arme, an deren Enden fertige Pflänzchen baumeln. Wenn ihr kleine Töpfe neben die Mutterpflanze stellt, die Ableger in die Erde drückt und fixiert, wurzeln sie im Nu an. Schon nach zwei bis drei Wochen kann man die »Nabelschnur« zur Mutter durchtrennen.

Bei Brutblatt und Henne-mit-Küken sitzt der fast fertige Nachwuchs auf den Blättern. Nimmt man sie nicht ab, fallen sie von allein zu Boden und wachsen binnen weniger Tage an.

Agaven bilden während eines einzigen Sommers gut ein Dutzend Ableger aus. Die kleinen Blattrosetten, die zum Teil aus den Abzugslöchern der Töpfe sprießen, kann man ganz einfach abbrechen oder -schneiden. In Kakteen-Erde gesetzt, fassen sie sehr rasch Fuß. Alternativ könnt ihr Blumenerde zu einem Drittel mit Kies oder Blähton mischen und die Pflanzen darin einsetzen.

Auch Orchideen und Bromelien bilden im Alter kleine Ableger. Nehmt sie ab und pflanzt sie ein – und schon habt ihr ein prima Geschenk zum nächsten Geburtstag oder Muttertag!

3 **Selbst gemachte** Geschenke sind viel schöner als gekaufte! Schenkt euren Eltern eine Pflanze, die ihr selbst gezogen habt.

1 **Ganz einfach** geht's bei den Grünlilien: Setzt die kleinen Ableger in Töpfe mit frischer Erde. Die Verbindung zur Mutterpflanze bleibt noch erhalten.

2 **Nach nur zehn Tagen** sind die Pflänzchen angewachsen und ihr könnt sie mit einer Schere von der Mutterpflanze trennen.

Veredeln mit Triebstücken

Beim Veredeln lassen sich zwei Pflanzen mit verschiedenen Eigenschaften elegant zusammensetzen. Das Ergebnis: robuste, hochwertige Pflanzen.

Veredelung wendet man vor allem bei Pflanzen an, die Früchte tragen, aber auch bei Ziergehölzen ist sie gängig. Der Vorteil: In kurzer Zeit erhält man Pflanzen von hoher, ganz bestimmter Güte. Denn die Zöglinge haben die gleiche Fruchtqualität wie ihre Eltern oder sind ebenso blühfreudig und bekommen vom zweiten Partner Eigenschaften wie eine hohe Widerstandskraft.

Auch Gemüsepflanzen werden durch Veredlung robuster (→ Seite 35).

Grundbegriffe

Unterlage: Die Unterlage stellt die Wurzeln und einen Teil des Stammes der späteren Pflanze und bestimmt Merkmale wie Wuchskraft und Gesundheit. Je nach Pflanzenart kann sie aus Samen herangezogen sein. So verwendet man zum Beispiel für Birnbäume schwachwüchsige Quitten-Sämlinge als Unterlage, für Kirschen Vogelkirschen-Sämlinge oder für Pfirsichbäume Schlehen. Für Apfelbäume gibt es speziell gezüchtete Unterlagen, die schwach wachsen und sich deshalb auch für kleine Gärten eignen.

Edelreis: Hiermit bezeichnet man einen Zweig einer bewährten Sorte. Er sollte mindestens fünf bis sechs gesunde Blattknospen haben.

Dieser Zweig wird auf die Unterlage gesetzt und bildet später die Krone des Baums.

Veredlungstechniken

Es gibt verschiedene Möglichkeiten, Edelreis und Unterlage zu verbinden. Wichtig ist bei allen, dass sich die Rindenstreifen beider Partnerteile, unter denen die hellgrüne Schicht mit den teilungsfähigen Zellen sitzt, berühren, sodass sie zusammenwachsen können.

Kopulation: Bei dieser Technik müssen Unterlage und Edelreis gleich stark, nämlich etwa 0,5–1 cm dick sein. Man setzt sie z. B. bei Hibiskus, Flieder oder Zierkirsche ein.

➤ Die Unterlage wird schräg abgeschnitten. Der Schnitt sollte knapp über einer gesunden Knospe beginnen und 2–4 cm unterhalb der Knospe enden. Faustregel: Die Schnittfläche muss fünf- bis sechsmal so lang sein wie der Durchmesser der Unterlage, also etwa 2,5–6 cm.

➤ Das Edelreis wird im gleichen schrägen Winkel geschnitten, sodass die beiden Schnittflächen exakt aufeinander passen. Hat man die Partner zusammengefügt, umwickelt man die Stelle so

Nach dem Veredeln presst ein Band Edelreis und Unterlage fest zusammen.

mit einem speziellen Veredlungsband (→ Praxisinfo), dass die Knospen frei bleiben. Diese Veredlung führt man im Winter oder zeitigen Frühjahr aus, wenn die Pflanzen kein Laub tragen.

➤ Eine Verfeinerung ist die »Kopulation mit Gegenzungen«. Hierbei schneidet man Unterlage und Edelreis ebenfalls schräg ab und schneidet aus den Schnittflächen einen dünnen Keil heraus, sodass je eine Lasche entsteht. Diese steckt man ineinander und umwickelt sie mit Veredlungsband.

Anplatten und -schäften: Diese Techniken wählt man, wenn die Unterlage dicker ist als Edelreis. Eingesetzt werden sie bei Rhododendron oder Ahorn.

➤ Der Stamm der Unterlage wird an der Seite schräg angeschnitten, also nicht über den ganzen Durchmesser. Die Schnittfläche darf nur so groß sein wie die Schnittfläche am dünneren Edelreis. Der Schnitt sollte einer gesunden Knospe gegenüberliegen und nur wenige Millimeter in das Holz reichen. Das Edelreis gegengleich schneiden, aufsetzen und fixieren.

➤ Beim Anschäften wird die Unterlage oberhalb der Veredlungsstelle sofort gekappt. Beim Anplatten bleibt die gesamte Unterlage zunächst stehen. Der Stamm wird erst durchtrennt, wenn das Edelreis angewachsen ist.

Rindenpfropfen: Diese Technik empfiehlt sich, wenn Unterlage und Edelreis sehr verschieden dick sind. Man verwendet sie z. B. bei der Robinie. Die Unterlage wird in der gewünschten Höhe gerade abgeschnitten und von der Schnittstelle aus ein senkrechter, etwa 2 cm langer Schnitt nach unten geführt. Mit einem Messer löst man die Rinde vorsichtig und erhält so Rindenlaschen. Nun schneidet man das Edelreis schräg so an, dass eine 1–1,5 cm lange Schnittfläche entsteht. Das Reis steckt man so in die Rindenlaschen, dass die Schnittfläche das Holz berührt. Die Stelle wird mit Veredlungsband umwickelt. Bei dieser Methode sollte die Unterlage bereits ausgetrieben haben, das Edelreis aber gerade knospig sein. Dies erreicht man, wenn man das Reis im Winter erntet und kühl lagert. ■

PRAXISINFO

Werkzeug zum Veredeln

- ✗ **Veredlungsmesser:** Die Klingen laufen spitz zu und sind sehr scharf. Okuliermesser (→ Seite 34) haben gerade Klingen, um ebene Schnitte zu setzen.
- ✗ In das Messer integrierte Rindenlöser – kleine Plastiklaschen – sind praktisch.
- ✗ **Veredlungsband:** Gummibänder sind elastisch, müssen aber nach einigen Monaten entfernt werden. Veredlungsbänder platzen dagegen von allein ab.

Auge um Auge veredeln

Statt ganzer Zweige werden bei der Augen-Veredlung nur einzelne Knospen mit der Unterlage verbunden. Als »Auge« bezeichnet der Profi die Rindenstellen, an denen Blätter oder Triebe sprießen können (→ Seite 7) Im Frühling sind sie leicht auszumachen, da die schwellenden Knospen bereits zu sehen sind. Im Winter erkennt man die noch schlafenden Augen an leichten Erhöhungen oder Ringelungen der Rinde. Der Vorteil der Augenveredlung ist, dass man nur winzige Stücke einer Pflanze braucht. Von seltenen oder neuen Sorten, die nur als Einzelexemplare existieren, kann man so Hunderte von Nachkommen erzeugen. Nicht nur bei Rosen, sondern auch bei Obstgehölzen zählt sie zu den häufigsten Methoden.

Okulation

Die Okulation kann man den ganzen Sommer von Juni bis September anwenden, nur nicht in den heißesten Wochen des Jahres. Die eingesetzten Augen sollten zwar anwachsen, aber noch nicht austreiben. Denn bis zum Wintereinbruch wären die Triebe noch zu schwach, um Frost zu überstehen. Sollten die Augen noch im gleichen Jahr austreiben, kürzt man sie auf kurze Stummel ein.

➤ Entfernen Sie etwa zehn Tage vor der Veredlung an der Unterlage im Bereich der geplanten Veredlungsstelle – zumeist in 10–20 cm Stammhöhe – alle Seitentriebe.

➤ Setzen Sie einen T-Schnitt in die Rinde. Der Schnitt sollte etwa 1 cm lang und nur so tief sein, dass die Rinde durchtrennt, nicht aber das darunter liegende Holz ange-

1 Einschneiden

Setzen Sie mit einem scharfen Messer einen t-förmigen Schnitt. Lösen Sie die Rinde, um die saftführende Wachstumsschicht freizulegen.

2 Einsetzen

Hinter die Rindenlaschen wird dann ein Auge der Edelsorte samt kurzem Blattstielchen geklemmt. Was oben übersteht, wird abgeschnitten.

3 Fixieren

Umwickeln Sie die Veredlungsstelle mit Bändern oder Bast, damit die Rindenlaschen angedrückt werden. Das Auge aber bleibt frei.

Veredeln Sie Ihren Rosengarten durch Okulation besonderer Sorten.

ritzt wird. Lösen Sie die Rinde entlang des Schnitts vorsichtig, sodass zwei dreieckige Flügel entstehen.

➤ Wählen Sie von der Edelsorte einen gesunden, dies- oder letztjährigen Zweig aus. Die Blattspreiten werden entfernt, aber kurze Blattstiele stehen gelassen. Sie dienen als »Griffe«, denn das Auge selbst sollte nicht mit den Fingern berührt werden, um keine Keime zu übertragen, die den Veredlungserfolg gefährden. Drehen Sie den Zweig nun um, sodass seine Spitze nach unten zeigt, und schneiden Sie ein Auge heraus. Dazu setzt man etwa 2 cm oberhalb des Blattstielchens das Messer an, führt es leicht bogenförmig und flach nach unten und endet 2 cm unterhalb des Stiels. Man erhält ein ellipsenförmiges Stück mit dem Stielchen in der Mitte.

➤ Einsetzen: Greifen Sie das Auge am Stiel und schieben Sie es zur Hälfte in die Rindenflügel der Unterlage. Der überstehende Teil der Ellipse wird abgetrennt und die Veredlungsstelle fixiert.

Chip-Veredlung

Bei dieser aus den USA stammenden Methode wird das Auge nicht unter Laschen der Rinde geschoben, sondern seitlich eingepasst. Dazu schneidet man die Rinde seitlich an. Der Schnitt endet jedoch nicht gerade, sondern in einem »Haken«, der dem Auge Gegenhalt gibt. Das gegengleich geschnittene Auge wird auf die Schnittfläche aufgesetzt und fixiert.

Ablaktieren

Auch Gemüse werden veredelt, um widerstandsfähige Pflanzen zu bekommen. Bei Tomaten und Gurken wendet man hierzu das so genannte Ablaktieren (→ Foto Seite 32) an. Als Unterlage dienen Wildformen, die gleich dick wie die Edel-Sämlinge sein sollten. Die Unterlage erhält einen von oben nach unten gehenden schrägen, 0,5–1 cm langen Schnitt bis zur Mitte des Stängels, der Edelsämling einen gegengleichen, nach oben weisenden Schnitt. Beide Pflanzen stehen nebeneinander, damit man die entstehenden Laschen ineinander stecken und fixieren kann. Nach ca. zehn Tagen kappt man die Unterlage über der Veredlungsstelle. ■

CHECKLISTE

Veredlung pflegen

- ✔ Veredlungsbänder werden im Sonnenlicht porös und brechen meist von allein ab.
- ✔ Bastbänder geben die Veredlungsstelle jedoch nicht automatisch frei. Man muss sie aufschneiden, sobald das Wachstum beginnt.
- ✔ Die Veredlungsstellen müssen auf Schädlinge überprüft werden. Blattläuse und Co. umgehend abstreifen.
- ✔ Nicht gelungene Veredlungen erkennen Sie an eingetrockneten Blättern oder Augen. Veredeln Sie dann erneut.

Die richtige Pflege

Pflanzen mit der richtigen Methode zu vermehren, ist die Grundlage des Erfolgs. Doch nur wenn Sie den Pflanzennachwuchs richtig pflegen, gedeiht er gut.
Jungpflanzen sind in der Regel zart besaitet. Schwankungen in der Pflege verkraften sie nur schwer, da sie nichts »zuzusetzen« haben. Eine konstante und vor allem richtige Pflege in den ersten Wochen ist für sie deshalb überlebenswichtig.

Dosiert gießen

➤ Verwenden Sie zum Gießen kein Leitungswasser. Es ist in den meisten Regionen Deutschlands zu kalkhaltig (»hart«) und auch zu kalt! Viel sanfter zu Ihren Pflanzen ist Regenwasser, das ein bis drei Tage in einer Regentonne absteht und sich erwärmt.

➤ Wenn der Sämling keimt und Wurzeln bildet, darf die Erde in den Anzuchtgefäßen nie austrocknen. Sonst stockt das Wachstum.

➤ Gleichzeitig sollte die Erde aber nicht permanent zu nass sein, da sonst die bereits gebildeten Wurzeln faulen. Halten Sie die Bodenfeuchte auf einem gesunden Mittelmaß und gießen Sie lieber mehrmals wenig als ein Mal viel. Weitere Tipps siehe Praxisinfo (→ Seite 37).

Messen Sie Dünger mit der Dosierungskappe genau ab. Er sollte sich gleichmäßig im Wasser verteilen.

Häufig lüften

In einem feuchtwarmen Klima keimen und wurzeln die meisten Pflanzen besonders gut. Ausnahmen sind extreme Trockenkünstler wie Kakteen. Doch die Tropenluft kann auch Probleme bereiten:

➤ Je feuchtwärmer das Anzuchtklima ist, umso wohler fühlen sich Pilze, deren Sporen sich rasch ausbreiten. Deshalb sollte man für regelmäßigen Luftaustausch sorgen. Heben Sie dazu die Hauben der Anzuchtgefäße mehrmals täglich für drei bis fünf Minuten hoch. Besprü-

Besonders sanft hält man Saaten feucht, wenn man sie mit kalkarmem, zimmerwarmem Regenwasser besprüht.

hen Sie die Pflänzchen danach kurz mit Wasser und setzen Sie die Hauben wieder auf.

➤ Bei bereits eingewurzelten Pflanzen kann man die Lüftungsklappen ständig geöffnet lassen. Alternativ legt man Korkenstücke unter die Haubenränder, um Lüftungsschlitze zu schaffen, die konstant Frischluft zuführen.

Düngen

➤ Solange Jungpflanzen in ihren Anzuchtgefäßen wachsen, brauchen sie keinen mineralischen Dünger. Dünger sind chemisch gesehen Salze, die aggressiv reagieren und das noch zarte Gewebe junger Wurzeln beschädigen können. Zur Stärkung der Kleinen bieten sich stattdessen Hilfsmittel aus Pflanzenextrakten an (z. B. Braunalgen).

➤ Setzt man die Zöglinge in Einzelgefäße um, wird während der ersten vier bis sechs Wochen ebenfalls nicht gedüngt. Die frische Erde enthält genügend Düngervorrat für diese Zeit.

➤ Erst danach müssen Sie regelmäßig düngen. Empfehlenswert sind flüssige, mineralische Sofortdünger, die einfach ins Gießwasser gemischt werden. Ihr Vorteil: Sie lassen sich sehr exakt dosieren.

Pinzieren

➤ Die Triebspitzen der Jungpflanzen werden erst geschnitten, wenn man sie zum ersten Mal umtopft (→ Seite 38). Der Fachmann nennt dies »Pinzieren«. Die Triebspitzen werden dabei um etwa ein Drittel ihrer Länge gekürzt. Dadurch verzweigen sich die Pflanzen und wachsen buschiger.

➤ Würde man die Pflänzchen zu früh pinzieren, würde man ihnen zu große Wunden zufügen, die Eintrittspforten für Krankheiten sind.

➤ Pinzieren kann man am einfachsten mit den Fingernägeln. Man hält die Triebe fest und dreht sie ab. Alternativ nimmt man eine Schere mit schmalen Klingen. ■

PRAXISINFO

Richtig gießen

- ✗ Feuchtigkeit in Maßen: Besser als zu gießen ist es, Keimlinge und Co. zu besprühen. Denn der Wasserstrahl aus der Gießkanne ist oft zu kräftig und kann die noch zarten Pflänzchen umknicken.
- ✗ Gießen Sie im Frühling bevorzugt morgens. Das Wasser wird so bis zum Abend aufgenommen. Die Blätter gehen nicht tropfnass in die Nacht und Pilzkrankheiten haben es schwerer, Fuß zu fassen.
- ✗ Im Sommer wässert man mehrmals täglich, denn dies dient nicht nur der Wasserversorgung, sondern auch der Abkühlung erhitzter Blätter!

Umtopfen zur rechten Zeit

Bevor sich der Pflanzen-Nachwuchs in den Schalen und Töpfen gegenseitig Konkurrenz macht, setzen Sie ihn in Einzelgefäße um.

Gehen Saaten gut auf, stehen die Keimlinge bald dicht an

Topfen Sie die Pflanzen so ein, dass ein 2 cm hoher Gießrand stehen bleibt.

dicht. Sie konkurrieren nicht nur um Wasser und Nährstoffe. Ihr Streben nach Licht treibt sie rasch in die Höhe und die Triebe bleiben dünn und schwach. Um das zu vermeiden, setzt man sie rechtzeitig um. Die Mehrzahl aller Blütenpflanzen bildet zunächst zwei Keimblätter, die sich deutlich vom späteren Laub unterscheiden. Gräser und Palmen entwickeln nur ein Keimblatt.Warten Sie mit dem Umsetzen in jedem Fall so lange, bis die Keimlinge die ersten beiden Laubblattpaare entwickelt haben.

Pikieren

Das Vereinzeln von Sämlingen nennt man Pikieren.

➤ Bereiten Sie kleine Einzeltöpfe vor und füllen Sie sie mit frischer, hochwertiger Blumenerde. Drücken Sie die Erde mit den Fingerspitzen leicht an, damit sich eventuelle Hohlräume schließen.

➤ Bohren Sie in der Mitte jedes Topfes mit einem Pikierstab (→ Seite 9) Pflanzlöcher.

➤ Greifen Sie anschließend mit dem Pikierstab seitlich unter einen der Sämlinge und heben Sie ihn mit viel Fingerspitzengefühl aus der Erde, ohne dabei die feinen Wurzeln abzureißen.

➤ Versuchen Sie, den Wurzelbart durch drehende Bewegung unbeschadet in das Pflanzloch einzusenken. Die Wurzeln sollten stets nach unten weisen und nicht umgebogen werden oder gar nach oben zeigen.

➤ Drücken Sie die Erde rund um den Setzling mit den Fingerspitzen fest, damit er Halt bekommt.

➤ Standschwache Pflanzen erhalten sogleich einen Stützstab. Stecken Sie ihn seitlich des Pflanzloches in die Erde, damit die Wurzeln nicht beschädigt werden.

➤ Gießen Sie die Töpfe anschließend vorsichtig an (→ Seite 36), damit sich die Erde setzt und den Setzling rundum einschließt. Sollte es sich beim Angießen zeigen, dass sich der Setzling lockert, drücken Sie ihn abermals vorsichtig fest.

Umtopfen

Bis eine Pflanze groß ist, muss sie nach dem Pikieren noch mehrmals umgesetzt werden.

➤ Der Topf sollte jedes Mal nur ein oder zwei Nummern größer sein als der vorherige. Zu große Töpfe enthalten zu

Wenn sich das erste Blattpaar nach dem Keimblatt entwickelt hat, ist die beste Zeit, die Sämlinge der Kosmeen zu pikieren.

viel Erde, die nur allmählich durchwurzelt wird. Die Gefahr von Staunässe und Fäulnis steigt, da undurchwurzelte Erde weit langsamer trocknet als durchwurzelte. Zu klein sollten die Folgetöpfe jedoch auch nicht sein: Der Rand muss so breit sein, dass man die frische Erde bequem mit den Fingern einfüllen und festdrücken kann.

➤ Lösen Sie die Jungpflanzen vorsichtig aus ihren Töpfen, ohne dass die Ballen auseinanderfallen. Wenn Sie bemerken, dass die Erde noch nicht völlig durchwurzelt ist, belassen Sie die Pflänzchen noch einige Wochen im alten Gefäß. Sitzt der Ballen dagegen sehr fest, klopft man die Topfränder leicht auf die Tischkante oder löst den Ballen mit einem Messer vorsichtig von der Topfinnenwand.

➤ Geben Sie zunächst etwas Erde in den neuen Topf und justieren Sie den Ballen. Seine Oberkante sollte 1–2 cm unterhalb des Topfrandes enden, damit ein Gießrand stehen bleibt. Setzen Sie die Ballen nicht so tief, dass die Stängel mit Erde bedeckt werden! Viele würden rasch faulen, die Versorgung der Blätter mit Wasser und Nährstoffen wäre unterbrochen und die Pflanze ginge ein.

➤ Füllen Sie die Ränder zum Schluss mit frischer Erde auf, drücken Sie sie sanft fest und gießen Sie gut an. ■

PRAXISINFO

Der ideale Standort für den Nachwuchs

- ✗ Der neue Standort sollte hell, aber nicht besonnt sein. Vor allem Pflanzen, die unter oder hinter Glas angezogen wurden, bekommen leicht einen »Sonnenbrand«.
- ✗ Plätze im Garten sollten windgeschützt sein. Sonst trocknen die noch zarten Blätter rasch aus. Fallen die Pflänzchen bei Windböen um, können Triebe abbrechen oder Wurzeln beschädigt werden, wenn Erde aus dem Gefäß fällt.
- ✗ Schützen Sie Jungpflanzen vor Tierfraß. Gegen Schnecken helfen Standorte auf Tischen und Regalen, gegen Kaninchen und Co. mobile Frühbeetkästen als Abdeckung.

Gesund von Anfang an

Nur gesunde Pflanzen wachsen zügig heran. Deshalb gilt es, Krankheiten und Schädlinge von Anfang an konsequent zu vermeiden.

Der medizinische Grundsatz »Vorbeugen ist besser als heilen« gilt für alle Lebewesen – auch für Pflanzen. Wer frühzeitig erkennt, dass eine Pflanze kränkelt, und gleich die Ursache behebt, wird bei der Pflanzenvermehrung mehr Erfolg haben.

Bei der »Umfallkrankheit« knicken die Sämlinge, da die Stängelansätze faulen.

Die Basis muss stimmen

Diese Früherkennung fängt schon bei der Wahl der Mutterpflanzen an:

➤ Ernten Sie nur von solchen Pflanzen Ableger, die selbst frei von Krankheiten und Schädlingen sind. Bei Erkrankungen mit Viren oder Bakterien würden die Erreger auf die neuen Pflanzen übertragen und dadurch verbreitet. Bei Pflanzensorten mit gescheckten Blättern oder gedrehten Zweigen wie bei der Korkenzieher-Haselnuss zum Beispiel kann diese Übertragung erwünscht sein, da die Infektionen selbst die Scheckung der Blätter bzw. Form der Zweige hervorrufen. Viel häufiger aber führt ein Viren- oder Bakterienbefall über kurz oder lang zum Tod der Pflanze.

➤ Verwenden Sie nur Pflanzenteile von schädlingsfreien Exemplaren. Saugende Insekten fügen den Blättern Tausende kleiner Einstiche zu, um den Pflanzensaft auszusaugen. In diese winzigen Wunden können Keime aller Art eindringen und die Ableger schwächen. Alternativ behandelt man die Mutterpflanzen sorgfältig mit Pflanzenschutzmitteln. Erst wenn der Befall verschwunden ist, beginnt man mit der Ernte.

Gesunde Umgebung

Kommt ein gesunder Same in die falsche Umgebung, ist er vielen Gefahren ausgesetzt.

➤ Verwenden Sie nie alte Erde. Sie enthält oft lang überdauernde Keime, die die Jungpflanzen in Windeseile befallen. Nehmen Sie deshalb nur frisches Substrat.

➤ Die Anzuchtgefäße müssen ausgespült und gründlich mit Seifenlauge ausgeschrubbt werden, um Ablagerungen vom Vorjahr zu entfernen. Denn auch diese können Krankheitserreger enthalten. Diese Hygiene gilt für Schalen, Töpfe und Abdeckhauben gleichermaßen.

➤ Messer, Pikierstäbe, Schaufeln etc. müssen ebenfalls sauber und im Idealfall sogar desinfiziert sein, damit durch sie keine Krankheitserreger auf die Pflänzchen übertragen werden. ■

Soforthilfe

Pilze

Ursache: Im feuchtwarmen Anzuchtklima bekommt man es vor allem mit Grauschimmel zu tun. Doch auch andere Pilze können sich leicht ansiedeln.

Abhilfe: Lüften Sie täglich mehrfach, aber jeweils nur kurz. Der Luftaustausch erschwert es den Pilzsporen, sich auszubreiten. Der Einsatz von Fungiziden ist nur bedingt möglich, da die zarten Blätter darunter teilweise stark leiden.

Fäulnis

Ursache: Werden bei Stecklingen die Triebe schwarz, handelt es sich meist um einen Nässeschaden. Wird die Erde dauerhaft zu feucht gehalten, fault die Rinde, die Versorgung der Blätter ist nicht gewährleistet und die Stecklinge gehen ein.

Abhilfe: Gießen Sie so dosiert, dass die Erde leicht feucht, aber nicht zu nass ist. Einige Pflanzen sind so empfindlich, dass eine Stecklingsvermehrung ausscheidet und man sie sät.

Trauermücken

Ursache: Wenn Sämlinge am Stängelansatz umknicken, sollten Sie die Erde mit der Lupe betrachten. Entdecken Sie glasige, 6–7 mm lange Würmchen, handelt es sich um die Larven der Trauermücke. Sie fressen die jungen Wurzeln und zuweilen das Stängelinnere an.

Abhilfe: Die erwachsenen Fliegen fängt man mit Gelbtafeln. So werden sie an der Eiablage gehindert und es gibt keine Larven.

Tiere im Garten

Ursache: Bei der Anzucht im Haus oder Glashaus ist das Zerwühlen der Erde oder das Anknabbern von Wurzeln und Trieben kein Thema. Im Freiland aber können Steckholzquartiere oder Saaten durch Wühlmaus, Vögel und Schnecken ausfallen.

Abhilfe: Decken Sie die Quartiere mit Wanderkästen ab. Diese tragbaren Frühbeete sind wie einbruchssichere Mini-Gewächshäuser.

Blattflecken

Ursache: Der häufigste Grund für fleckige Blätter ist ein zu sonniger Standort. Im Extremfall verbrennen die Blätter. Außerdem lässt trockene Luft die Blattränder und -spitzen braun werden.

Abhilfe: Wählen Sie einen schattigeren Standort an Ost- oder Westfenstern. Alternativ schattiert man die Anzuchtflächen mit Netzgewebe oder leichten Stofftüchern.

Gelbfärbung

Ursache: Leiden Blätter nicht unter Hitze oder Trockenheit, werden aber dennoch gelb, kann der Boden schuld sein. Rhododendron und andere Moorpflanzen brauchen saure Erde(niedriger pH-Wert).

Abhilfe: Hochwertige Erden sind meist leicht sauer, Billigprodukte jedoch nicht immer. Achten sie auf die pH-Wert-Angabe. Wer bei der Erde am Preis spart, spart an der falschen Stelle.

Pflanzenporträts

Bäume und Sträucher

Wer seinen Garten neu anlegt und alle Bäume und Sträucher in der Baumschule kauft, gibt leicht mehrere tausend Euro aus. Sie können also jede Menge Geld sparen, wenn Sie Sträucher für lange Hecken oder große Gehölzgruppen selbst heranziehen. Fragen Sie Freunde oder Nachbarn, ob sie Ihnen Zweige für Stecklinge oder Steckhölzer geben. Und beginnen Sie frühzeitig mit der Anzucht.
Während sich Laubbäume zumeist auf vielfältige Art vermehren lassen, gestaltet sich die Nachzucht von Nadelgehölzen oft schwierig. Stecklinge misslingen leicht, da die Wurzelbildung sehr langwierig ist und die Nadeln im feuchtwarmen Anzuchtklima häufig von Pilzen befallen werden. Saaten sind bei vielen Sorten nicht möglich. Hobbygärtner überlassen die Vermehrung von Nadelgehölzen deshalb besser dem Fachmann und konzentrieren sich auf die Nachzucht von Laubgehölzen.

Bauern-Hortensie

Hydrangea macrophylla

Wuchs: Strauch
Höhe: 1–1,5 m

➤ **liegt im Trend** ✿

Eigenschaften: als Garten-, Kübel- oder Zimmerpflanze aktuelle Trendpflanze; üppige Blütenbälle in Weiß, Rosa, Rot oder Violett
Vermehrung: Ableger; Kopf-Stecklinge bewurzeln bei 18–20 °C sehr zuverlässig
Zeitraum: nach der Blüte, spätestens aber im August
Tipp: manche Blütenfarben entstehen durch Aluminiumsulfatgaben im Boden. Rosafarbene Sorten färben sich dann blau, rote violett.
Verwendung: frei wachsende Hecken, Topfgärten, Vorgärten

Buchsbaum

Buxus sempervirens

Wuchs: Busch oder Baum
Höhe: 0,5–5 m

➤ **vielseitig verwendbar** ✿

Eigenschaften: immergrün; langsam wachsend, meist nicht billig; schnittverträglich
Vermehrung: Ableger: Kopf-Stecklinge gelingen sogar im Freien, da die Blätter auch ohne Wurzeln lange grün bleiben; es dauert jedoch meist ein Jahr, während unter Glas nur wenige Wochen nötig sind
Zeitraum: Mai–Sept.; Schnittreste vom Rückschnitt nutzen
Tipp: frühzeitiges Auskneifen der Triebspitzen (Pinzieren) macht Buchs schön dicht
Verwendung: Hecken, Formschnittpflanzen, Topfgärten

✿ pflegeleicht · sonnig · halbschattig · schattig

Rose

Rosa spec.

Wucht: unterschiedlich
Höhe: 0,2–5 m

➤ **züchten wie ein Profi**

Eigenschaften: sehr viele Sorten; buschig, kletternd oder bodendeckend; historische Sorten oft nur von Liebhabern in Privatgärten bewahrt
Vermehrung: a) Veredeln: Edelrosen werden oft auf Wildrosen okuliert; b) Steckhölzer: So werden Wildrosen in Massen gezogen; c) Absenker: bei Kletter- und Bodendeckerrosen
Zeitraum: a) Juli–Aug.; b) März/April; c) Juni–Aug.
Tipp: vermehren Sie nur robuste, krankheitsfreie Sorten!
Verwendung: Beete, Topfgärten, Hecken, Wandbegrünung

Ross-Kastanie

Aesculus hippocastanum

Wuchs: Großbaum
Höhe: bis 30 m

➤ **einfach eindrucksvoll**

Eigenschaften: zügig heranwachsend; für große Gärten
Vermehrung: a) Aussäen: Die stacheligen Fruchthüllen enthalten die bekannten braunen Samen, die sehr gut keimen; b) Veredeln: Sorten der Ross-Kastanie werden durch Kopulation (seitliches Einspitzen) auf Wildsämlinge gesetzt
Zeitraum: a) direkt nach der Ernte im Sept. ins Freie: ganz in Erde stecken; b) Juni–Aug.
Tipp: gut keimen auch Ess-Kastanien *(Castanea sativa)*
Verwendung: Hofbaum; Schattenspender für Sitzplätze

Weide

Salix

Wuchs: Strauch oder Baum
Höhe: bis 30 m

➤ **sehr vielfältig**

Eigenschaften: sehr robust und anpassungsfähig; Ausläufer bildend; schnittverträglich
Vermehrung: a) Steckhölzer: für große Stückzahlen ideal; b) Ausläufer: sprießen meist sehr zahlreich; c) Absenker: bewurzeln binnen weniger Wochen; d) Stecklinge: Kopf- und Teilstecklinge bewurzeln in Erde oder Wasser in Rekordzeit
Zeitraum: a) März; b)–c) März–Mai; d) April–Aug.
Tipp: Weidenruten schlagen auch als Flechtzäune Wurzeln
Verwendung: Ufer, Böschungen, Wildhecken, Hausbaum

viel gießen · mittel gießen · wenig gießen · giftig

Stauden und Zwiebelblumen

Wenn Sie Ihre schönsten Blütenpflanzen selbst vermehren, tun Sie nicht nur sich selbst, sondern auch Ihren Pflanzen einen Gefallen: Langlebige Stauden, die jedes Frühjahr neu aus dem Boden sprießen, überaltern mit den Jahren, wenn man sie nicht verjüngt. Gräbt man sie dagegen in regelmäßigen Abständen aus und teilt sie, bleiben die Stöcke Jahrzehnte vital. Bei bodendeckenden Stauden hilft das regelmäßige Abstechen und Ausgraben der Ausläufer, dass die Polster dicht und kompakt bleiben.
Bei Zwiebelblumen behindert oftmals der eigene Nachwuchs die Pflanzen, da sie sich gegenseitig Konkurrenz um Wurzelraum, Nährstoffe und Wasser machen. Wer Krokus, Narzisse, Tulpe und Co. dagegen alle zwei bis drei Jahre ausgräbt und die Tochterzwiebeln abnimmt, verschafft den älteren Pflanzen frische Energie und kann sich jedes Jahr über ein üppiges Blütenmeer freuen.

Bambus

Phyllostachys, Bambusa u. a.

Wuchs: grasartig
Höhe: 0,5–10 m

➤ **gigantische Gräser** ✿

Eigenschaften: immergrüne, frostfeste Riesengräser; sehr wüchsig; Ausläufer bildend; blüht nur selten
Vermehrung: a) Ausläufer: Wurzelsprosse abtrennen und separat einpflanzen; b) Wurzelschnittlinge: selbst kurze Wurzelstücke wurzeln, wenn man sie waagerecht in Erde legt; c) Teilen: große Horste mit dem Spaten zerteilen
Zeitraum: a)–c) März/April
Tipp: Erde zum Anwurzeln stets feucht bis nass halten
Verwendung: Sichtschutz, Teichrand, japanische Gärten

Hauswurz

Sempervivum

Wuchs: polsterförmig
Höhe: 5–15 cm

➤ **klein und robust** ✿

Eigenschaften: Überlebenskünstler mit Blattrosetten; wasserspeichernde Pflanzen in vielen, z.T. bunten Variationen
Vermehrung: a) Kindel: Abgetrennte Rosetten, in Kakteenerde gesteckt, wurzeln sie in Kürze an; b) Aussäen: etwas langwierig, aber sehr ergiebig; Frostkeimer
Zeitraum: a) April–Aug.; b) Sept./März
Tipp: keine blühenden Rosetten verwenden, da sie nach dem Flor absterben
Verwendung: Steingärten, Mini-Topfgärten, Steinfugen

✿ pflegeleicht | sonnig | halbschattig | schattig

Lilie
Lilium

Wuchs: langstielig, aufrecht
Höhe: 30–150 cm

➤ **majestätisch und üppig**

Eigenschaften: üppige, orientalische Blüten in großer Sortenvielfalt; sicher frosthart
Vermehrung: a) Aussäen: die Samen sind Dunkelkeimer; b) Tochterzwiebeln: sind bei älteren Horsten meist zahlreich vorhanden; c) Bulben: in den Blattachseln bilden sich bei Feuer- und Tigerlilie oberirdische Brutzwiebeln; d) Ableger anregen: Zwiebelschuppen bilden an der Basis Brutzwiebeln
Zeitraum: a)–d) Aug.–Okt.
Tipp: Gleiches gilt für Kaiserkrone und Co. *(Fritillaria)*
Verwendung: Beete, Kübel

Rittersporn
Delphinium

Wuchs: horstförmig
Höhe: 50–150 cm

➤ **blau-weiße Pracht**

Eigenschaften: blauer oder weißer Klassiker im Rosenbeet
Vermehrung: a) Aussäen: aus den Samen können neue Sorten entstehen; b) Teilen: die verdickten Wurzeln lassen sich in Teile mit mindestens je drei bis vier gesunden Augen separieren; c) Stecklinge: Stecklinge, möglichst tief am Wurzelansatz abgeschnitten, gelingen
Zeitraum: a) Juli–Aug.; b) März/April; c) April/Mai
Tipp: lässt man die Samen reifen, bleibt die Nachblüte aus
Verwendung: Rosenbegleiter, blaue Staudenbeete, Kübel

Schwertlilie
Iris

Wuchs: grasartig
Höhe: 30–120 cm

➤ **leicht zu teilen**

Eigenschaften: viele Sorten; schöne Blüten; frostfest
Vermehrung: a) Tochterzwiebeln: bei Zwiebel-Iris gängige Methode (z. B. *I. reticulata*); b) Teilen: durch Zerschneiden der dicken Wurzeln (Rhizome) in 10–15 cm lange Teilstücke mit mindestens einem Spross
Zeitraum: a) nach der Blüte April–Mai; b) nach der Blüte: Juli–Aug., im Frühjahr: März–April
Tipp: Rhizome waagerecht und nur zur Hälfte in Erde setzen
Verwendung: Beete, Teichufer, Töpfe, Lieberhabersortiment

viel gießen · mittel gießen · wenig gießen · giftig

Zimmer- und Kübelpflanzen

Zimmerpflanzen verschenkt man gerne und zu vielen Gelegenheiten. Wie praktisch ist es da, wenn man stets einige selbst gezogene Pflanzen zu Hause parat hat. Einzeln oder zu mehreren in dekorative Schalen gepflanzt, werden sie zu einem besonders persönlichen Geschenk. Bei den Kübelpflanzen reizt die Vielfalt exotischer Arten. Nur zu gerne würde man aus dem Urlaub gleich einen ganzen Koffer von Ablegern mitbringen. Doch Vorsicht: die Einfuhr von Pflanzen oder Pflanzenteilen aus außereuropäischen Ländern ist grundsätzlich verboten. Innerhalb Europas müssen Sie bei vielen Arten eine so genannte CITES-Bescheinigung vorlegen können, die Ihnen der Gärtner gibt. Sie bestätigt, dass die Pflanzen aus gärtnerischer Kultur und nicht aus der Natur stammen. Wenn Sie im Inland von Kulturpflanzen Stecklinge oder Samen mitnehmen, achten Sie darauf, dass die Mutterpflanzen gesund sind!

Begonie

Begonia

Wuchs: buschig oder hängend
Höhe: bis 35 cm

sonnig, halbschattig, gießen

➤ **Blattschmuck pur** ✿

Eigenschaften: Blatt-Begonien schätzt man wegen ihrer Blattzeichnung, Knollen-Begonien wegen ihrer Blütenpracht
Vermehrung: a) Blattteil-Stecklinge: an eingeschnittenen Blattnerven bilden sich bei Erdkontakt Pflänzchen; b) Brutknollen: Knollen-Begonien bilden Brutknollen; auch Knollenviertel mit Knospe und ein paar Wurzeln wachsen an
Zeitraum: a) April–Juni; b) Sept.–Okt.
Tipp: beste Erfolge bei +24 °C
Verwendung: Balkon-, Terrassen- oder Zimmerpflanze

Geranie

Pelargonium

Wuchs: buschig oder hängend
Höhe: 30–150 cm

sonnig, gießen

➤ **dekorativ und beliebt** ✿

Eigenschaften: pflegeleichte Dauerblüher, hunderte Sorten
Vermehrung: a) Stecklinge: Kopf- und Teilstecklinge gelingen leicht, wenn man die Erde wenig feucht hält; b) Aussäen: ohne Profi-Kulturtechniken (z. B. Zusatzlicht) blühen Sämlinge erst im Folgejahr
Zeitraum: a) Juli–Sept.; b) Jan.–Febr.
Tipp: Stecklinge nicht mit Hauben abdecken; feuchtwarme Luft führt leicht zu Pilzkrankheiten
Verwendung: Balkonkästen, Töpfe

✿ pflegeleicht · sonnig · halbschattig · schattig

Kakteen

Cactaceae, Euphorbiaceae

Wuchs: kugelig, säulenförmig
Höhe: unterschiedlich

➤ **stachelig und bizarr**

Eigenschaften: artenreiche, stachelige oder unbewehrte Pflanzengruppe;
Vermehrung: a) Blatt-Stecklinge: bei Gliederkakteen wurzeln einzelne Glieder in Kakteenerde schnell an; b) Stecklinge: gekappte Triebspitzen einige Tage antrocknen lassen, bevor man sie in Erde steckt; c) Aussäen: sehr langwierig; Erde nie zu feucht halten
Zeitraum: a)–c) Mai–Juli
Tipp: Pflanzenteile mit Grillzangen oder Papierstreifen fassen
Verwendung: im Sommer im Freien, ganzjährig im Zimmer

Oleander

Nerium oleander

Wuchs: Strauch
Höhe: 1–4 m

➤ **mediterran**

Eigenschaften: wüchsiger, aber giftiger, immergrüner Strauch; Dauerblüher in warmen Sommern; verlangt reichlich Wasser und Dünger
Vermehrung: Ableger: Kopf- und Teilstecklinge sind die schnellste und zuverlässigste Methode; sie wurzeln in Erde oder Wasser in 10–14 Tagen
Zeitraum: Mai–Aug.
Tipp: angewachsene Triebe im gleichen Jahr (Aug.–Sept.) auf Handbreite zurückschneiden, damit sie sich gut verzweigen
Verwendung: Terrassen und Balkone im mediterranen Stil

Palmlilie

Yucca

Wuchs: palmenartig
Höhe: bis 5 m

➤ **Blickfang**

Eigenschaften: extrem pflegeleicht; selbst mit dunkleren Zimmerecken zufrieden
Vermehrung: a) Stamm-Stecklinge: 20–30 cm lange Stammstücke wurzeln waagerecht oder senkrecht in Erde gesteckt sicher an; b) Abmoosen: mit feuchtem Moos umhüllte Stammwunden bilden nach Monaten Wurzeln
Zeitraum: ganzjährig möglich, bevorzugt aber im Frühjahr
Tipp: auch die abgeschnittene Mutterpflanze treibt neu aus
Verwendung: als Solitär; für Balkon- oder Zimmergärten

viel gießen · mittel gießen · wenig gießen · giftig

Obst und Gemüse

Vor allem beim Beerenobst lohnt sich die Vermehrung, da es einfach geht und aus dem eigenen Nachwuchs rasch fruchtende Pflanzen heranwachsen. Hierzu zählen Himbeeren, Brombeeren, Stachel-, Johannis- oder Jostabeeren. Beim Stein- und Kernobst wie Pflaume, Apfel und Co. überlässt man den Aufwand der Veredlung jedoch in der Regel den Profis. Ausnahmen sind alte oder individuell hoch geschätzte Obstsorten, die nicht im Fachhandel erhältlich sind. Hier greift man selbst zum Veredlungsmesser. Beim Gemüse, das zumeist einjährig gezogen wird, ist die Anzucht aus Samen dagegen die gängigste Methode. Empfindliche Sorten werden in den letzten Jahren jedoch verstärkt in veredelter Form angeboten (→ Seite 35). Sie können fertig veredelte Pflanzen auf dem Markt kaufen. Wer hygienisch einwandfrei veredelt, kann die Technik des Ablaktierens auch selbst zu Hause durchführen.

Erdbeere
Fragaria

Wuchs: bodendeckend
Höhe: bis 20 cm

➤ **leckere Früchte** ✤

Eigenschaften: Monatserdbeeren sind klein, aber lecker und tragen viele Jahre; Kultursorten lassen jedoch ab dem 2. Jahr in der Ernte nach
Vermehrung: a) Ausläufer: geht schnell, da sich natürlicherweise Ausläufer bilden, die rasch anwachsen; b) Aussäen: bei Monatserdbeeren, bei 20 °C
Zeitraum: a) Aug.–Sept.; b) Febr.–März
Tipp: vermehren Sie nur die besten Mutterpflanzen weiter
Verwendung: Reihenkultur, Beeteinfassung, Unterwuchs

Kirsche
Prunus

Wuchs: Baum
Höhe: 5–10 m

➤ **lecker und beliebt**

Eigenschaften: Süßkirschen wachsen zu Großbäumen heran, Sauerkirschen bleiben meist 5 m hoch; regelmäßiger Schnitt nach der Ernte oder im Februar hält die Kronen vital
Vermehrung: Veredeln: Süßkirschen kopuliert oder okuliert man auf Vogelkirschen, Sauerkirschen auf Steinweichseln
Zeitraum: Kopulation: Febr./ März, Okulation: Juli–Aug.
Tipp: 'Gisela 5' ist eine Unterlage, die selbst Süßkirschen kleinkronig hält.
Verwendung: Hausbaum, Schattenspender

✤ pflegeleicht ☼ sonnig ◑ halbschattig ● schattig

Speisezwiebel

Allium cepa

Wuchs: röhrenförmige Blätter
Höhe: 30–50 cm

➤ **bewährt und beliebt**

Eigenschaften: lagerfähige Gewürz- und Gemüsepflanze
Vermehrung: a) Tochterzwiebeln: sie sind als »Steckzwiebeln« fertig im Fachhandel erhältlich und werden flach in die Erde gedrückt; b) Aussäen: zunächst in dichten Reihen säen, dann ausdünnen
Zeitraum: a) für Juli-Ernte: März/April, für Mai-Ernte im Folgejahr: Sept.; b) für Winterlagerung: März/April, zur Überwinterung: Aug.
Tipp: Stecken geht schneller!
Verwendung: Gewürzpflanze in Reihen oder Mischkulturen

Stachelbeere

Ribes

Wuchs: Strauch, Stämmchen
Höhe: 1–1,5 m

➤ **schmackhafte Früchte**

Eigenschaften: dichte, aber kleinkronige Büsche, die 15 Jahre tragen, wenn man Zweige, die älter als drei Jahre sind, regelmäßig entfernt
Vermehrung: a) Veredeln: die Goldjohannisbeere dient als Unterlage für Edelsorten; b) Steckhölzer: einjährige Triebe im Herbst schneiden, überwintern und im Frühjahr stecken
Zeitraum: a) Juni–Juli; b) Febr.–März
Tipp: verwenden Sie bevorzugt mehltauresistente Sorten
Verwendung: Reihenkultur, Raumteiler, Sichtschutz

Tomate

Lycopersicon esculentum

Wuchs: eintriebig
Höhe: 1–2 m

➤ **ein Muss im Garten**

Eigenschaften: große Sortenvielfalt von Mini-Cocktailtomate bis zur kiloschweren Fleischtomate; einfache Kultur, doch verstärkter Pilzbefall (z. B. Kraut-und Braunfäule)
Vermehrung: a) Aussäen: Keimung in zehn Tagen bei 20 °C ; b) Veredeln: Triebspitzen von Edelsorten zum Schutz vor Pilzen auf Wildtomaten veredeln
Zeitraum: a) März/April; b) April
Tipp: verwenden Sie bevorzugt widerstandsfähige Sorten
Verwendung: Freiland- und Unter-Glas-Kultur; Topfgärten

viel gießen · mittel gießen · wenig gießen · giftig

Weitere Pflanzen

Bäume und Sträucher

Name	Kurzinfo	Blüte	Verwendung	Höhe Wuchs	gängige Vermehrungsarten
Aralie u. Essigbaum *Aralia* u. *Rhus*		weiß u. rot Aug.–Nov. Juni–Juli	Solitär	3–5 m Schirmkrone	Ableger: Ausläufer abstechen, Absenker, Stecklinge, Wurzel-schnittlinge
Blauregen *Wisteria chinensis*		blau, weiß Mai–Juni	Wandbegrünung, Pergola	bis 15 m Kletterer	Ableger: Stecklinge; Achtung: Sämlinge sind oft blühfaul!
Efeu *Hedera helix*		gelblich Sept.–Okt.	Wandbegrünung, Bögen, Spaliere	bis 20 m Kletterer	Ableger: Stecklinge, Absenker von jungen Trieben
Fächer-Ahorn *Acer palmatum*		selten	Solitär	2–5 m knorrig	Veredeln: Okulation, Pfropfen, seitliches Anplatten
Feldahorn *Acer campestre*		gelb-grün Mai–Juni	Solitär, Hecken	3–15 m schlan	Ableger: Steckhölzer; Aussaat: nur ganz frisches Saatgut
Flieder *Syringa vulgaris*		lila, rosa, weiß Mai–Juni	Solitär, Duftpflanze	4–5 m Baum oder Strauch	Ableger: Ausläufer, Absenker, Wurzelschnittlinge; Veredeln: Kopulieren, Pfropfen, Okulieren
Gartenjasmin *Philadelphus*		weiß Mai–Juni	Beete, Duftpflanze	1–3 m Strauch	Ableger: Steckhölzer, Absenker; ebenso: Deutzie, Spierstrauch
Ginster *Cytisus, Genista*		gelb, rot April–Mai	Böschungen, Trockenbeete	20–200 cm verschieden	Aussaat: Samen vorquellen; Ableger: Teilen, Ausläufer, Absenker
Hartriegel *Cornus alba*		weißlich Mai–Juni	Solitär, Hecken	3–4 m bunte Rinde	Ableger: Steckhölzer
Heide *Calluna, Erica*		verschieden verschieden	Flächendecker	20–60 cm flach	Ableger: Stecklinge, Ausläufer, Absenker, Teilen
Hibiskus/Eibisch *Hibiscus syriacus*		blau, weiß rosa, Juli–Sept.	Solitär, Hecke	1,5–2 m, schlank	Ableger: Stecklinge; Veredeln: Kopulation, Pfropfen
Lebensbaum, Zypresse *Thuja, Chamaecyparis*		Zapfen Aug.–Okt.	Hecken	2–5 m dichtkronig	Ableger: Stecklinge (schwierig); Veredeln: seitliches Anplatten
Magnolie *Magnolia*-Arten		weiß, rosa April–Juni	Solitär	Strauch oder Baum	Veredeln: Kopulation, Pfropfen; Ableger: Abmoosen

Name	Kurzinfo	Blüte	Verwendung	Höhe Wuchs	gängige Vermehrungsarten
Rhododendron *Rhododendron*-Hybriden		verschieden April–Juni	Solitär, Hecken	1–5 m, glockenkronig	Ableger: Absenker, Stecklinge, Abmoosen; Veredeln: Anplatten
Schmetterlingsstrauch *Buddleja davidii*		verschieden Juli–Sept.	Solitär, Hecken	3–5 m überhängend	Ableger: Steckhölzer, Stecklinge
Waldrebe *Clematis*-Arten, Sorten		verschieden verschieden	Wandbegrünung, Bögen, Spalier	3–10 m Kletterer	Ableger: Stecklinge, Absenker
Weide *Salix*-Arten		gelb März/April	Solitär, Hecken	3–20 m Bäume	Ableger: Steckhölzer, Stecklinge
Weißdorn *Crataegus*		weiß Mai–Juni	dornige Hecken	2–5 m Kleinbäume	Ableger: Ausläufer, Stecklinge
Zaubernuss *Hamamelis*-Hybriden		gelb, rot Januar–März	Solitär	2–3 m offenkronig	Veredeln: Kopulation, Pfropfen; Ableger: Abmoosen
Zierkirschen *Prunus*-Hybriden		weiß, rosa April–Mai	Solitär	5–12 m Bäume	Veredeln: Okulation, Kopulation

Stauden und Zwiebelblumen

Name	Kurzinfo	Blütefarbe Blütezeit	Verwendung	Höhe Wuchs	gängige Vermehrungsarten
Blaukissen *Aubrieta*-Hybriden		divers April–Mai	Beete, Mauern, Steingärten	5–20 cm Polster	Ableger: Stecklinge, Ausläufer, Absenker
Dahlie *Dahlia*-Hybriden		verschieden Juli–Okt.	Beete, Topfgärten	30–150 cm aufrecht	Ableger; Teilen, Stecklinge im Frühjahr
Glockenblumen *Campanula*-Arten		blau, weiß, rosa Juni–Aug.	Beete, Topfgärten	5–150 cm divers	Aussaat; Ableger: Teilen, Stecklinge, Ausläufer
Narzisse *Narcissus*-Hybriden		gelb, weiß, März–April	Beete, Topfgärten	40–60 cm horstig	Ableger: Tochterzwiebeln
Storchschnabel *Geranium*-Arten		lila, rosa, Mai–Juli	Flächendecker, Topfgärten	10–50 cm Polster	Ableger: Teilen, Stecklinge, Wurzelschnittlinge
Taglilie *Hemerocallis*-Hybriden		verschieden Juni–Aug.	Beete, Teichränder	40–100 cm horstig	Ableger: Teilen
Tulpe *Tulipa*-Hybriden		verschieden März–Mai	Beete, Topfgärten	20–60 cm horstig	Ableger: Tochterzwiebeln; Aussäen: bei Wildtulpen

Zimmer- und Kübelpflanzen

Name	Kurzinfo	Blütefarbe Blütezeit	Verwendung Überwinterung	Höhe Wuchs	gängige Vermehrungsarten
Alpenveilchen *Cyclamen*		verschieden Sept.–April	Knollenpflanze hell, 10–18 °C	20–30 cm Polster	Ableger: Tochterknollen, Knollenbildung anregen; Aussaat
Blatt-Begonie *Begonia-Rex*-Hybriden		–	Zimmerpflanze, Balkon, hell, 10–15 °C	10–30 cm flächig	Ableger: Stecklinge, Blattteil-Stecklinge, Wurzelschnittlinge
Bromelien *Vriesea* u. a.		verschieden verschieden	Zimmerpflanze hell, 15–20 °C	20–50 cm trichterförmig	Ableger: Kindel
Dieffenbachie *Dieffenbachia*		–	Zimmerpflanze hell, 20–25 °C	1–3 m eintriebig	Ableger: Stamm-Stecklinge, Stecklinge, Abmoosen
Drehfrucht *Streptocarpus*		verschieden Mai–Sept.	Zimmerpflanze hell, 15–20 °C	20–30 cm Bodenlaub	Ableger: Blattteil-Stecklinge (Blatthälften einsetzen)
Engelstrompete *Brugmansia*-Hybriden		verschieden Juni–Sept.	Topfgarten halbhell, 5–10 °C	2–3 m baumartig	Ableger: Stecklinge; Aussaat
Feige *Ficus carica*		grün, violett Aug.–Sept.	Topf-, Wintergarten dunkel, 0–5 °C	2–5 m Baum/Busch	Ableger: Steckhölzer, Stecklinge; Veredeln: Kopulation, Okulation
Flammendes Käthchen *Kalanchoe*		verschieden ganzjährig	Zimmerpflanze hell, 15–20 °C	15–20 cm Sukkulente	Ableger: Stecklinge, Kindel (Brutpflänzchen)
Fuchsie *Fuchsia*-Hybriden		verschieden Mai–Okt.	Topfgarten dunkel, 5–10 °C	1–2 m, oft als Stämmchen	Ableger: Stecklinge
Geldbaum *Crassula*-Arten		weiß-rosa im Alter	Zimmerpflanze hell, 5–15 °C	50–120 cm, baumartig	Ableger: Blatt-Stecklinge, Stecklinge (Schnittflächen antrocknen)
Granatapfel *Punica granatum*		rot Sept.–Okt	Topfgarten dunkel, 5–10 °C	1–5 m buschig	Aussaat; Ableger: Stecklinge
Gummibaum, Birkenfeige *Ficus*-Arten		–	Zimmerpflanze hell, 15–25 °C	3–5 m, hell, baumförmig	Ableger: Stecklinge, Abmoosen
Grünlilie *Chlorophytum*		weiß April–Juli	Zimmerpflanze hell, 0–20 °C	20–30 cm, buntblättrig	Ableger: Kindel, Teilen
Hanfpalme *Trachycarpus fortunei*		gelblich Juni–Juli	Topfgarten Hell, 5–10 °C	bis 8 m Palme	Aussaat
Hibiskus *Hibiscus rosa-sinensis*		verschieden ganzjährig	Zimmerpflanze Topfgarten, hell, 15–20 °C	2–3 m, buschig	Ableger: Stecklinge
Jasmin *Jasminum*-Arten		weiß, gelb verschieden	Zimmer-, Topf-, Wintergart., ab 5° C	1–5 m Kletterer	Ableger: Stecklinge, Absenker

Name	Kurzinfo	Blütefarbe Blütezeit	Verwendung Überwinterung	Höhe Wuchs	gängige Vermehrungsarten
Klivie *Clivia*		orange Febr.–April	Zimmerpflanze hell, 5–10° C	60–80 cm grasartig	Ableger: Kindel, Teilen
Nachtfalterorchidee *Phalaenopsis*		verschieden verschieden	Zimmerpflanze hell, 18–25° C	60–80 cm ein Trieb	Ableger: Kindel, Teilen
Nachtschatten *Solanum/Lycianthes*		blau, weiß Mai–Sept.	Topfgarten, hell bis dunkel, 5–10° C	2–4 m	oft als Ableger: Stecklinge Stämmchen
Olive *Olea europaea*		grün, violett, Sept.-Okt.	Topf-, Wintergar- ten, hell, 5–10° C	2–5 m Baum	Ableger: Stecklinge; Veredeln: Kopulation, Okulation
Paradiesvogelblume *Strelitzia reginae*		orange-blau Febr.–Mai	Topf-, Wintergar- ten, hell, 5–20° C	1–1,5 m horstig	Aussaat; Ableger: Teilen
Passionsblume *Passiflora*-Arten		verschieden Mai–Sept.	Topf-, Wintergar- ten, hell, ab 5° C	2–4 m Kletterer	Ableger: Stecklinge, Absenker
Wandelröschen *Lantana camara*		divers, Mai–Sept.	Topfgarten hell, 5–15° C	1–2 m buschig	Ableger: Stecklinge
Yucca-, Drachenbaum *Yucca, Dracaena*		weiß, im Alter	Zimmerpflanze hell, 5–20° C	1–3 m palmenartig	Ableger: Stamm-Stecklinge, Abmoosen
Zitronen, Orangen etc. *Citrus*-Arten		gelb, orange verschieden	Topf-, Wintergär- ten, hell, 5–15° C	1–3 m baumartig	Ableger: Stecklinge; Veredeln: Chipen; Saat nicht zu empfehlen
Zypergras *Cyperus alternifolius*		gelb Juni–Aug.	Zimmerpflanze hell, 5–15° C	1–2 m Gras	Ableger: Stecklinge (Blattschöpfe kopfüber in Wassergläser stellen)

Obst und Gemüse

Name	Kurzinfo	Frucht	Höhe Wuchs	Unterlage	gängige Vermehrungsarten
Apfelbaum *Malus*		grün, rot Aug.-Okt.	3–8 m kleine Bäume	»M-Typen«	Veredeln: Kopulation, Okulation
Birnbaum *Pyrus*		grün, gelb Aug.–Okt.	5–15 m hoch und schlank	Quitte	Veredeln: Kopulation, Okulation
Gurke *Cucumis sativus*		grün Juli–Aug.	2–3 m, kriechend oder kletternd	Kürbis	Aussaat; Veredeln: Ablaktieren
Pfirsichbäume *Prunus persica*		gelb, rot Aug.	3–8 m kleine Bäume	Sämlinge, Schlehe	Veredeln: Okulation
Walnuss *Juglans regia*		braun Sept.–Nov.	10–15 m ausladend	Sämlinge Schwarznuss	Veredeln: Kopulation; Ableger: Steckhölzer

Arbeitskalender

Januar–April: Blitzstart in die neue Saison

JANUAR

- **Vorbereiten:** Recycelte Pflanzgefäße im Haushalt sammeln. Samen-Kataloge durchsehen und Neuheiten vorbestellen.
- **Aussäen:** Besonders lichthungrige Arten noch nicht aussäen, mäßig lichthungrige mit Pflanzenleuchten unterstützen.
- **Ableger:** Warten Sie noch eine Weile.
- **Veredeln:** In Sand eingelagerte Edelreiser im Keller konstant leicht feucht halten.
- **Pflegen:** Jungpflanzen dosiert gießen.

FEBRUAR

- **Vorbereiten:** Bei Samen vom Vorjahr Keimtest durchführen. Bei Bedarf neue kaufen.
- **Aussäen:** Damit Sommerblumen mit langer Kulturzeit ab Mai blühen, sät man sie jetzt.
- **Ableger:** Steckhölzer winterfester Gehölze im Freien setzen. Bei Zimmerpflanzen mit Stammstecklingen beginnen.
- **Veredeln:** Kopulation oder Pfropfen bei mildem Wetter, da die Triebe sonst brüchig sind.
- **Pflegen:** Wildlinge am Ansatz entfernen.

Mai–August: Rekordzuwachs für Ihren Garten

MAI

- **Vorbereiten:** Bleibt der Keimerfolg aus, rasch neues Saatgut bestellen und nachsäen.
- **Aussäen:** Mitte Mai ist die Frostgefahr in den meisten Regionen Deutschlands vorbei. Alle Direktsaaten ins Freie sind nun möglich.
- **Ableger:** Ausläufer wurzeln rasch an, Absenker gedeihen im Frühling gut.
- **Veredeln:** Jetzt nicht veredeln, da die Pflanzen beim Anschnitt zu viel Saft verlieren.
- **Pflegen:** Anzuchten häufig lüften.

JUNI

- **Vorbereiten:** Züchten Sie Prachtstauden wie Iris, Taglilie und Co., die jetzt blühen, selbst.
- **Aussäen:** Frühlingsblühende Stauden, die jetzt schon Samen tragen, kann man sofort aussäen, sofern sie keine Kaltkeimer sind.
- **Ableger:** Ideale Zeit für Stecklinge von allen holzigen Pflanzen.
- **Veredeln:** Zeit zum Okulieren.
- **Pflegen:** Auf konstante Boden und Luftfeuchte sowie Schädlingsabwehr achten.

September–Dezember: Vorbereiten fürs nächste Jahr

SEPTEMBER

- **Vorbereiten:** Früchte im Garten ernten, Samen reinigen und im Kühlschrank lagern.
- **Ableger:** Bei winterharten Zwiebelblumen Tochterzwiebeln abnehmen und pflanzen.
- **Veredeln:** Jetzt ist Pause. Ältere Veredlungen kontrollieren, evtl. Bänder lockern.
- **Pflegen:** Nur die kräftigsten Jungpflanzen behalten, von schwachen trennt man sich.

OKTOBER

- **Vorbereiten:** Nutzen Sie die Erntedankzeit, um Gemüse- und Obstsamen zu sammeln.
- **Ableger:** Zimmerpflanzen können weiter über Kindel vermehrt werden.
- **Veredeln:** Sobald die Kronen laubfrei sind, werden Edelreiser geschnitten.
- **Pflegen:** Auftretende Schädlinge bekämpfen, bevor sie die Pflanzen schwächen.

MÄRZ

- **Vorbereiten:** Anzuchtgefäße und -hauben vom Vorjahr gründlich reinigen.
- **Aussäen:** Die meisten Sommerblumen werden jetzt auf der Fensterbank oder im Kleingewächshaus angezogen, ebenso Gemüse.
- **Ableger:** Sobald der Dauerfrost vorbei ist, ist die Zeit zum Staudenteilen ideal.
- **Veredeln:** Kopulation bis Ende März möglich.
- **Pflegen:** Bei exotischen Saaten mit Heizmatten für konstante Bodenwärme sorgen.

APRIL

- **Vorbereiten:** Verwenden Sie auch bei Folgesaaten stets frische Erde und keine Reste.
- **Aussäen:** In milden Lagen können robuste Sommerblumen und Gemüse direkt ins Freie gesät werden. Schutz-Vlies bereit halten.
- **Ableger:** Beste Zeit für Wurzelschnittlinge.
- **Veredeln:** Südländische Früchte wie Zitrus, Feige etc. werden veredelt.
- **Pflegen:** Frühe Saaten bereits pikieren, kräftige Sämlinge pinzieren (→ Seite 37/38).

JULI

- **Vorbereiten:** Tauschen Sie mit Nachbarn oder Freunden überzählige Pflanzen aus. So hat jeder mehr Vielfalt und spart Geld.
- **Aussäen:** In den Gemüsebeeten sind nach der ersten Ernte jetzt Folgesaaten fällig.
- **Ableger:** Weiterhin beste Zeit für Stecklinge von Freiland-, Zimmer- und Balkonpflanzen.
- **Veredeln:** Hauptphase zum Okulieren. Kopulation bei manchen Arten weiterhin möglich.
- **Pflegen:** Anzuchten ganztägig schattieren.

AUGUST

- **Vorbereiten:** Samenstände einhüllen oder rechtzeitig ernten, bevor sie ausstreuen.
- **Aussäen:** Zweijährige Blumen wie Stiefmütterchen oder Goldlack jetzt aussäen, damit sie sich bis zum Winter kräftigen.
- **Ableger:** Letzte Möglichkeit für Stecklinge: später gesetzte sind bis zum Winter oft nicht genügend gestärkt.
- **Veredeln:** Okulieren und Kopulieren beenden.
- **Pflegen:** Kräftige Jungpflanzen umtopfen.

NOVEMBER

- **Vorbereiten:** Viele Samen exotischer Früchte keimen auf der Fensterbank: also nicht wegwerfen, sondern zur Anzucht verwenden.
- **Aussäen:** Palmen in beheizte Schalen säen, da sie Monate zum Keimen brauchen.
- **Ableger:** Keine neuen Ableger machen; kräftig Durchwurzeltes dagegen einwintern.
- **Pflegen:** Erde nicht zu feucht halten.

DEZEMBER

- **Vorbereiten:** Gelagerte Samen durchsehen und faule aussortieren.
- **Aussäen:** Unter Zusatzlicht und -wärme können Sommerblumen mit besonders langwieriger Kultur bereits gesät werden.
- **Veredeln:** Die Kopulation kann beginnen.
- **Pflegen:** Jungpflanzen luftig und hell stellen, damit sich keine Pilze ansiedeln.

Die **halbfett** gesetzten Seitenzahlen verweisen auf Abbildungen.

Literatur

The Royal Horticultural Society: Handbuch der Pflanzenvermehrung. Ulmer Verlag, Stuttgart

Hertle, Bernd/Kiermeier, Peter: Gartenblumen. Gräfe und Unzer Verlag, München

Maier, Hans-Peter: Zitruspflanzen schnell & einfach. Gräfe und Unzer Verlag, München

Zeitschriften

FLORA Garten
Gruner + Jahr AG & Co. KG
20444 Hamburg

kraut & rüben
DLV GmbH
80797 München

Bezugsquellen

Gemüse- und Blumensamen:
Barbara Gassmann
Im Saal 13
21423 Winsen/Luhe
Tel. 04171/73453

Erfurter Saatguthaus
Im Weidboden 12
57629 Norken
Tel. 02661/94052-20
➤ www.erfurter.de

Gärtner Pötschke
Beuthener Str. 4
41561 Kaarst
Tel. 0180/861100

Zier- und Nutzpflanzenspezialitäten Monika Gehlsen
Willi-Dolgner-Straße 17
06118 Halle (Saale)
Tel. 0345/5226423

Exotische Samen:
Renate Bucher
Wingertsweg 6
64342 Seeheim-Jugenheim
Tel. 06257/962404
➤ www.exot-nutz-zier.de

Zubehör (Töpfe, Schalen):
Gartenbedarf Versand
Richard Ward
Günztalstraße 22
87733 Markt Rettenbach
Tel. 08392/1646
➤ www.gartenbedarf-versand.de

Spezialwerkzeuge (Scheren, Messer, Veredlungsband etc.):
flora toskana
Böfinger Weg 10
89075 Ulm
Tel. 0731/9267095
➤ www.flora-toskana.de

Dünger, Erden, Pflanzenpflegemittel:
W. Neudorff GmbH KG
An der Mühle 3
31860 Emmerthal
➤ www.neudorff.de

Dank

Verlag, Autor und Fotograf danken der W. Neudorff GmbH für die freundliche Unterstützung.

Bildnachweis

Bornemann: U1, 11-13, 15, 17, 19, 21, 27, 37, 39; Becherer: 49 li.; Borstell: U2/1, 7; GBA/Nichols: 64; Jahreiß: 14, 18, 36, U4 li.; Nickig: 35, 44 re., 45 li., 45 re., 47 li., 48 li., 51 li., U4 re.; Pforr: 6, 28, 33, 45 mi., 47 mi., 47 re., 50 re., U4 mi.; Redeleit: 8, 20; Reinhard: 23, 26, 42/43, 46 re., 48 re., 50 li., 51 mi., 51 re.; Sammer: 3, 40; Schneider/Will: 9, 22, 38; Stein: 32, 44 li.; Stork: 2/3, 4/5, 10, 24, 25; Strauß: 46 li., 49 mi., 49 re.

Illustrationen: J. Brandstetter
Fotos auf dem Umschlag und im Innenteil: Umschlagvorderseite: Vermehrung durch Stecklinge; Umschlag innen/S.1: Gemüsegarten; S. 4/5: Aussaatutensilien; S. 42/43: Geranie; S. 64: Salatbeet; Umschlagrückseite: Tontöpfchen mit Samen (li.), Gekielter Lauch (mi.), Kohlsetzlinge (re.).

Wichtige Hinweise

➤ Einige der hier beschriebenen Pflanzen sind giftig oder hautreizend. Sie dürfen nicht verzehrt werden.

➤ Bewahren Sie Dünge- und Pflanzenschutzmittel für Kinder und Haustiere unerreichbar auf.

➤ Wenn Sie sich bei der Arbeit verletzen, sollten Sie umgehend einen Arzt aufsuchen. Eventuell ist eine Impfung gegen Tetanus erforderlich.

Der Autor

Dipl.-Ing. Hans-Peter Maier betreibt eine Versand-Gärtnerei für südländische und exotische Wintergarten- und Kübelpflanzen in der die Pflanzenvermehrung an der Tagesordnung steht.

Impressum

Programmleitung: Steffen Haselbach
Leitende Redaktion: Anita Zellner
Redaktion: Iris Jachertz
Lektorat: Barbara Kiesewetter
Umschlaggestaltung und Layout: independent Medien-Design, München
Produktion: Bettina Häfele
Satz: Uhl + Massopust, Aalen
Reproduktion: Longo, Bozen
Druck und Bindung: Kaufmann, Lahr
Printed in Germany

ISBN 3-7742-6361-2

Auflage	3	2	1
Jahr	2006	2005	2004

GRÄFE UND UNZER

Ein Unternehmen der
GANSKE VERLAGSGRUPPE

Das Original mit Garantie

Ihre Meinung ist uns wichtig. Deshalb möchten wir Ihre Kritik, gerne aber auch Ihr Lob erfahren. Um als führender Ratgeberverlag für Sie noch besser zu werden. Darum: Schreiben Sie uns! Wir freuen uns auf Ihre Post und wünschen Ihnen viel Spaß mit Ihrem GU-Ratgeber.

Unsere Garantie: Sollte ein GU-Ratgeber einmal einen Fehler enthalten, schicken Sie uns das Buch mit einem kleinen Hinweis und der Quittung innerhalb von sechs Monaten nach dem Kauf zurück. Wir tauschen Ihnen den GU-Ratgeber gegen einen anderen zum gleichen oder ähnlichen Thema um.

Ihr Gräfe und Unzer Verlag
Redaktion Haus & Garten
Postfach 86 03 25
81630 München
Fax 0 89/4 19 81-1 13
e-mail:
leserservice@
graefe-und-unzer.de

GU PFLANZENRATGEBER

Wenig tun, viel genießen.

ISBN 3-7742-6111-3
64 Seiten
7,90 € [D]

ISBN 3-7742-5440-0
64 Seiten
7,90 € [D]

ISBN 3-7742-3622-4
64 Seiten
7,90 € [D]

ISBN 3-7742-6108-3
64 Seiten
7,90 € [D]

ISBN 3-7742-5439-7
64 Seiten
7,90 € [D]

Gärtnern schnell & einfach? Gar kein Problem! Verwandeln Sie Garten, Terrasse, Balkon und Haus im Handumdrehen in eine grüne Oase. Das 5-Stufen-Erfolgsprogramm zeigt, wie's geht.

WEITERE LIEFERBARE TITEL BEI GU:

- GU PFLANZENRATGEBER: **Guter Boden, Kletterpflanzen, Gartenteiche, Küchengarten, Pflanzen schneiden**

GU

Gutgemacht. Gutgelaunt.

FRISCHES SAATGUT

Samen verlieren nach unterschiedlicher Zeit ihre Keimfähigkeit. Nehmen Sie das »Ablaufdatum« auf den Saattüten unbedingt ernst. Lagern Sie **Samen** stets **kühl** und dunkel. Wärme, Licht und Feuchtigkeit bewirken, dass der Samen vorzeitig keimt und sich erschöpft, bevor der **Keimungsprozess** richtig begonnen hat.

So gelingt die Pflanzenanzucht

DER RICHTIGE ZEITPUNKT

Warten Sie mit dem Vermehren von Pflanzen, bis es im **Frühjahr** warm und länger hell ist. Sonst können sich die Jungpflanzen nicht richtig entwickeln. Die Energiereserven von Samen sind oft schneller aufgebraucht, als die Pflanze Wurzeln bildet. Die besten Monate zur Pflanzenvermehrung sind Mai bis August.

NICHT ZU SPÄT UMPFLANZEN

Zu viele Sämlinge in den Saatschalen rauben sich gegenseitig **Kraft** und **Licht**. Vereinzelt man rechtzeitig, wachsen sie zügig, ohne sich Konkurrenz zu machen. Setzen Sie je nur **eine Jungpflanze** pro Topf. Pflanzt man dagegen zu früh um, beschädigt man viele Wurzeln.

GESUNDHEIT VON ANFANG AN

Vermehren Sie nur gesunde Pflanzen. Trieb- oder **Wurzelteile** sollten nicht von Schädlingen befallen sein, da diese winzige Blattwunden hinterlassen, die **Eintrittspforten** für Viren, Bakterien oder Pilze sind und den Anwuchserfolg gefährden können.